CB033355

cidadania e política ambiental

LISZT VIEIRA
CELSO BREDARIOL

cidadania e política ambiental

2ª EDIÇÃO

EDITORA RECORD
RIO DE JANEIRO • SÃO PAULO
2006

CIP-Brasil. Catalogação-na-fonte
Sindicato Nacional dos Editores de Livros, RJ.

Bredariol, Celso
B842c Cidadania e política ambiental / Celso Bredariol,
2ª ed. Liszt Vieira. – 2ª ed. – Rio de Janeiro: Record,
2006.

ISBN 85-01-05265-5

1. Cidadania. 2. Ecologia. 3. Política ambiental.
I.Vieira, Liszt, 1939- . II. Título.

98-1452 CDD – 323.6
CDU – 323.2

Direitos desta edição:
EDITORA RECORD LTDA.
Rua Argentina 171 – Rio de Janeiro, RJ – 20921-380 – Tel.: 2585-2000

Impresso no Brasil

ISBN 85-01-05265-5

PEDIDOS PELO REEMBOLSO POSTAL
Caixa Postal 23.052
Rio de Janeiro, RJ – 20922-970

Sumário

POR UMA ECOSOFIA

Félix Guattari

Desde o final do século XVIII, o impacto das ciências e das técnicas sobre as sociedades desenvolvidas foi acompanhado de uma bipolarização ideológica, social e política entre correntes progressistas — freqüentemente jacobinistas na sua apreensão do Estado — e correntes conservadoras preconizando uma fixação nos valores do passado. É em nome das luzes, das liberdades, do progresso, e posteriormente da emancipação social, que um eixo direita-esquerda constitui-se como uma espécie de referência natural.

Mas hoje a socialdemocracia converteu-se, senão ao liberalismo pelo menos à primazia da economia de mercado, enquanto que o desmoronamento generalizado do movimento comunista internacional deixa esvaziado um dos termos desta bipolaridade. Devemos pensar, nestas condições, que esta está fadada a desaparecer, como proclama a palavra de ordem de certos ecologistas: "nem direita, nem esquerda". Não estaria o social, ele próprio, destinado a sumir, como uma ilusão, como afirmaram alguns teóricos do pós-modernismo?

Não é esta a minha opinião. Mesmo através de esquemas mais complexos, como pode se constatar na União Soviética, uma polarização progressista deve se reconstituir; é verdade que segundo modalidades bem menos jacobinas, muito mais federalistas, em relação à qual se colocarão as diferentes modalidades de fascismo, conservadorismo e centrismos. As formações partidárias tradicionais estão demasiadamente implicadas nas diferentes engrenagens estatais para desaparecerem da noite para o dia dos sistemas da democracia parlamentar. E isto apesar de sua evidente desvalorização, que se traduz pelo desinteresse crescente frente a eleições, bem como pela falta de fé evidente por parte da maioria das pessoas que continuam votando.

Parece claro que os desafios políticos, sociais e econômicos escapam cada vez mais das lutas eleitorais, que na maior parte das vezes reduzem-se a grandes manobras dos meios de comunicação de massa — como acabamos de ver nas eleições presidenciais do Brasil. As massas dos países do Leste sublevaram-se por pão e por liberdade, mas também para viverem de outro modo e não necessariamente segundo os modelos ocidentais ou os do Terceiro Mundo. Deveremos, aliás, acabar reconhecendo que o fracasso do socialismo é, também, o fracasso indireto do pseudoliberalismo que vivia em simbiose — fria ou quente — com ele há décadas. Fracasso no sentido de que o Capitalismo Mundial integrado, se trouxe respostas parciais em algumas de suas cidadelas — ao preço de devastações ecológicas consideráveis, ao preço de uma segregação assustadora —, é comprovadamente incapaz de fazer os países do Terceiro Mundo sair do precipício, e provavelmente não poderá trazer senão respostas muito parciais aos gigantescos problemas que ecoam nos países do Leste.

Uma tomada de consciência ecológica cada vez mais vasta, ultrapassando em muito a influência eleitoral dos partidos "verdes", leva pouco a pouco a questionar a ideologia da produção pela produção, isto é, unicamente polarizada pelo lucro no contexto capitalista do sistema de preços. Ao que parece, o objetivo não é mais simplesmente tomar o poder no lugar das burguesias e das burocracias, mas de determinar com precisão o que se quer pôr no lugar. A este respeito, duas temáticas complementares deverão dominar nos próximos anos:

— a redefinição do Estado, ou melhor, das funções estatais que são múltiplas, heterogêneas e freqüentemente contraditórias;

— a reorganização das atividades econômicas a partir da produção da subjetividade.

A burocratização, a esclerose, a passagem eventual ao totalitarismo das máquinas de Estado não concernem somente aos países do Leste, mas ainda às democracias ocidentais e aos países do Terceiro Mundo. A degenerescência do poder de Estado, outrora preconizado por Rosa Luxemburgo e por Lenine, é cada vez mais atual. O movimento comunista ficou desacreditado — e em menor medida a socialdemocracia também — por ter sido incapaz de lutar contra os malefícios do estatismo em todos os campos; os partidos que se identificavam com estas ideologias tornaram-se eles próprios, no decorrer do tempo, apêndices do Estado. Em todos os lugares as questões nacionalistas ressurgem, na maior parte das vezes, nas piores condições subjetivas — integrismo, ódios raciais — porque nenhuma resposta federalista alternativa foi proposta no lugar de um internacionalismo fictício e abstrato.

Hoje a subjetividade individual e coletiva se encontra voltada sobre si mesma — sob o regime da infantilização provocada pelos meios de comunicação de massa, do desconhecimento da diferença e da alteridade no campo humano assim como no registro cósmico. Esses modos de subjetivação só sairão do seu "enclausuramento" se objetivos criadores chegarem ao seu alcance. Trata-se da própria finalidade do conjunto das atividades humanas. Além das reivindicações por pão, paz e liberdade emerge a aspiração por uma reapropriação individual e coletiva da subjetividade humana. Desta maneira, a ética torna-se progressivamente o nó de todos os desafios políticos e sociais. Daí a recusa dos "discursos competentes", repulsa das políticas que não dimensionam o local, o social imediato, o meio ambiente, a reconstrução do tecido das relações intersubjetivas.

Uma ecosofia que articule entre si o conjunto das ecologias científicas, políticas, ambientais, sociais e mentais será talvez chamada a substituir as velhas ideologias que setorizavam de modo abusivo o social, o privado e o civil, e que eram incapazes de estabelecer articulações transversais entre a política, a ética e a estética.

Félix Guattari
Setembro de 1990

Apresentação

O exercício da cidadania tem tido na área de Meio Ambiente um de seus principais desafios que se expressam através da realização de diversas atividades. Entre elas, destacam-se as negociações internacionais entre países, como na Conferência das Nações Unidas para o Meio Ambiente e o Desenvolvimento (CNUMAD), realizada na cidade do Rio de Janeiro no ano de 1992, as conquistas estabelecidas na Constituição Federal de 1988, Constituições Estaduais e Leis Orgânicas dos Municípios, a representação direta da sociedade em audiências públicas para a avaliação de impacto de diferentes empreendimentos ou em órgãos colegiados do sistema público, as campanhas de mobilização da opinião pública, a promoção e execução de projetos ecológicos, além do recurso ao Poder Judiciário através da Ação Civil Pública.

Os autores são estudiosos do campo ambiental e militantes do movimento ecológico.

Liszt Vieira é advogado, defensor público, foi o primeiro deputado estadual brasileiro eleito com base em uma plataforma verde, representante brasileiro na coordenação do Fórum Internacional de Organizações Não-

Governamentais, um dos coordenadores do Fórum Global, Conferência da Sociedade paralela à CNUMAD — Rio-92 — e é atualmente doutorando de Sociologia no IUPERJ e presidente do Instituto de Ecologia e Desenvolvimento — IED.

Celso Bredariol é engenheiro agrônomo, analista ambiental da Fundação Estadual de Engenharia do Meio Ambiente — FEEMA — doutorando em Planejamento Ambiental na COPPE-UFRJ, professor do curso Teoria e Práxis do Meio Ambiente do ISER — Instituto Superior de Estudos Religiosos, colaborador do IBASE — Instituto Brasileiro de Análises Sociais e Econômicas — e vice-presidente do Instituto de Ecologia e Desenvolvimento — IED.

O livro se destina ao estudo das relações entre Cidadania e Meio Ambiente, a primeira entendida como práxis para assegurar a conquista e o exercício de direitos e o segundo como a natureza recriada pelas atividades humanas que asseguram nossas condições de sobrevivência.

O primeiro capítulo discute a noção de cidadania, desde suas origens até suas interpretações atuais, situando para o leitor a escolha da cidadania que pretende viver.

O segundo capítulo introduz a discussão sobre a Ecologia, suas diferentes linhas de pensamento, procurando situar também possíveis escolhas.

Entendendo o campo da política como aquele onde se pratica a conquista de direitos, o terceiro capítulo historia a política ambiental brasileira, discute sua crise atual e aponta possíveis saídas para essa política pública.

Finalmente, o quarto capítulo apresenta o espaço público não-estatal, onde se destacam as atuações de movimentos sociais e organizações não-governamentais, em especial aquelas relacionadas ao meio ambiente.

Em anexo, estamos publicando uma comparação entre os compromissos assumidos pelos países durante a Rio-92 — Agenda 21 — e os tratados das organizações não-governamentais assinados durante o Fórum Global realizado pela sociedade paralelamente à Rio-92. Esta comparação foi elaborada pelo Conselho da Terra, que pretende destacar as diferenças entre posições de governo e posições da sociedade.

Também em anexo estão a Declaração do Rio de Janeiro assinada pelas organizações não-governamentais durante a Rio-92 e as recomendações propostas pelas ONGs à Cúpula da Terra realizada pela ONU em junho de 1996.

Com o Prefácio, prestamos uma homenagem especial a Félix Guattari, cuja vida e obra muito influenciou o pensamento ecológico e democrático em muitos países. O texto inédito que abre o livro foi redigido por Guattari em 1990 e oferecido a Liszt Vieira, juntamente com outro texto por ele utilizado como prefácio de seu livro *Fragmentos de um discurso ecológico*.

Capítulo I

OS DESAFIOS DA CIDADANIA

As Origens da Cidadania Moderna

A República Moderna não inventou o conceito de cidadania, que, na verdade, se origina na República Antiga. A cidadania em Roma, por exemplo, é um estatuto unitário pelo qual todos os cidadãos são iguais em direitos. Direito de estado civil, de residência, de sufrágio, de casar, de herança, de acesso à justiça, enfim, todos os direitos individuais que permitem acesso ao direito civil. Ser cidadão é portanto ser membro de pleno direito da cidade, seus direitos civis são plenamente direitos individuais.

Mas ser cidadão é também ter acesso à decisão política, ser um possível governante, um homem político. Ele tem direito não apenas a eleger representantes, mas a participar diretamente na condução dos negócios da cidade. É certo que em Roma nunca houve um regime verdadeiramente democrático. Mas na Grécia os cidadãos atenienses participavam das assembléias do povo, tinham plena liberdade de palavra e votavam as leis que governavam a cidade — a Polis —, tomando decisões políticas.

É verdade também que estavam excluídos da cidadania os estrangeiros, as mulheres e os escravos. Estes últimos estavam fora da proteção do direito, não eram nada. Na Antiguidade, o Homem era um ser sem direitos, por oposição ao cidadão. Na era moderna, o Homem é sujeito de direitos não apenas como cidadão, mas também como homem.

São esses dois elementos, a igualdade dos cidadãos e o acesso ao poder, que fundam a cidadania antiga e a diferenciam da cidadania moderna.

O retorno ao ideal republicano da Antiguidade promovido pelo Renascimento preparou o caminho para o advento da cidadania moderna no século XVIII, durante as Revoluções Americana (1776) e Francesa (1789). A construção da cidadania moderna teve que enfrentar três problemas que irão diferenciá-la da cidadania antiga.

O primeiro é a edificação do Estado, a separação das instituições políticas e da sociedade civil no interior de territórios mais vastos, com população muito mais numerosa do que as repúblicas antigas. Lembremo-nos de que na Atenas dos séculos V e IV antes de Cristo o número de cidadãos oscilava entre 60.000 e 30.000.

O segundo problema é o regime de governo. O ideal republicano retomado pelo Renascimento é inseparável da isonomia e da igualdade. Ele só se realiza em governos democráticos ou em governos mistos, onde existe um certo arranjo entre a aristocracia e a democracia, como ocorreu nas cidades gregas e romanas. Ora, o ideal republicano da Modernidade foi retomado em meio a sociedades que, em sua maioria, possuíam governos monárquicos e aristocráticos.

O terceiro problema é que a sociedade pagã, politeísta e escravagista da Antiguidade nunca inscreveu o Homem no direito: os direitos humanos são inexistentes. A escravidão é incompatível com os princípios cristãos da dignidade igual dos homens perante Deus e com os direitos do homem que surgiram no século XVIII no bojo das Revoluções Americana e Francesa.

Essas três questões — do Estado, do Governo e do Homem — vão obrigar os modernos a redefinir a cidadania (Herzog *et alii*, 1995). Em face da incompatibilidade de princípios entre monarquia absoluta e cidadania, a idéia republicana de cidadania se inspirou na democracia grega e na república romana, buscando a liberdade civil dos antigos: liberdade de opinião, de associação e também de decisão política.

O pensador francês Rousseau propõe o deslocamento da soberania, que estava depositada nas mãos do monarca, para o direito do povo, mudando o conceito de vontade singular do príncipe para o de vontade geral do povo. No sistema de contrato social imaginado por Rousseau, não há lugar para a democracia indireta, para a representação e delegação de poderes. A soberania é a vontade geral, e a vontade não se representa. Essa idéia pode ser encontrada intacta na corrente jacobina da Revolução Francesa.

Se em Roma o escravo é o homem sem direitos por oposição ao cidadão, na República Moderna os direitos civis são reconhecidos a todos, são direitos naturais e sagrados do homem. Conforme consagrado na Declaração dos Direitos do Homem da Revolução Francesa, todos os homens nascem livres e iguais em dignidade e direitos. Daí irradiaram as liberdades civis de consciência, de expressão, opinião e associação, bem como o direito à igualdade e o direito de propriedade que está na base da moderna economia de mercado.

O princípio da cidadania moderna fundado sobre a idéia de humanidade enfrentou muitas dificuldades de aplicação. A primeira se refere ao tamanho das repúblicas modernas que impede o exercício direto do poder pelo cidadão. O Estado se destaca da sociedade civil, o poder não pode mais ser exercido por todos. Para evitar o despotismo, o princípio republicano consagra a idéia do controle popular pelo sufrágio universal, inspirando-se na visão de soberania popular defendida por Rousseau.

Pela doutrina da representação fundada sobre a soberania popular, a origem e o fim de toda a soberania se encontra no povo. O cidadão não pode mais exercer em pessoa o poder, mas escolhe por seu voto seus representantes. Este princípio se universalizou, mas sofreu alguns períodos de exceção.

Uma das exceções mais conhecidas é a chamada democracia censitária, reservada aos proprietários. O escritor francês Benjamin Constant afirmava em 1815 que somente o lazer, assegurado pela propriedade, permitia adquirir sabedoria. Segundo ele, "somente a propriedade torna os homens capazes do exercício do direito político".

Ou seja, a classe trabalhadora podia morrer pela pátria, mas não podia oferecer seus homens para a representação política que, para ele, deveria basear-se não na consciência ou dignidade, mas no critério antidemocrático da competência. Benjamin Constant opunha a "liberdade dos antigos", fundada nos direitos políticos da cidadania, à "liberdade dos modernos", que, segundo ele, se explicaria pelos direitos civis do indivíduo. Essa oposição entre cidadão e indivíduo acabou permeando as concepções do liberalismo político moderno (Herzog *et alii*, 1995).

Outra dificuldade na aplicação da cidadania moderna diz respeito ao conceito de homem e sua natureza. A república moderna demorou muito tempo a admitir que a pessoa humana é dupla, compreende o homem e a mulher. De um modo geral, foi somente no século XX que o sufrágio universal se estendeu às mulheres.

Em relação à cidadania antiga, a cidadania moderna sofreu uma dupla transformação. Por baixo, ela se ampliou e se estendeu ao conjunto dos membros de uma mesma Nação. Mas, por cima, ela se estreitou, pois a decisão política foi transferida aos eleitos e representantes.

Outro elemento importante para a compreensão da cidadania é o princípio contemporâneo das nacionalidades que, tal como se desenvolveu nos séculos XVIII e XIX, remodelou a definição de cidadania. Pelo princípio do direito dos povos, a soberania é atributo da nação, do povo, e não do príncipe ou monarca. O princípio das nacionalidades lembra que a nação precede a cidadania, pois é no quadro da comunidade nacional que os direitos cívicos podem ser exercidos. A cidadania fica, assim, limitada ao espaço territorial da Nação, o que contraria a esperança generosa dos filósofos do Iluminismo que haviam imaginado uma república universal.

A relação entre cidadania e nacionalidade configura um campo de confronto entre o pensamento conservador e o pensamento progressista. Para os conservadores, a cidadania se restringe ao conceito de nação, isto é, somente são cidadãos os nacionais de um determinado país. A cidadania é vista como relação de filiação, de sangue, entre os membros de uma nação. Esta visão nacionalista exclui os imigrantes e estrangeiros residentes no país dos benefícios da cidadania.

No outro extremo, encontramos uma visão oposta ancorada na doutrina tradicional da República, segundo a qual a cidadania está fundada não na filiação, mas no contrato. Se a cidadania não exclui a idéia de nação, seria inaceitável restringi-la a determinações de ordem biológica.

No plano jurídico, há dois pólos opostos de definição de nacionalidade que determinam as condições de acesso à cidadania. O primeiro é o *jus soli*, que é um direito mais aberto que facilitou a imigração e a aquisição da cidadania. Pelo *jus soli*, é nacional de um país quem nele nasce. O segundo é o *jus sanguinis*, segundo o qual a cidadania é privativa dos nacionais e seus descendentes, mesmos nascidos no exterior, enquanto que filho de estrangeiro nascido no país será sempre estrangeiro. É um direito mais fechado, pois dificulta a aquisição da cidadania. No Brasil e na França, por exemplo, vigora o *jus soli*, já a Alemanha e a Itália adotam o *jus sanguinis*.

Recentes concepções mais democráticas procuram dissociar completamente a cidadania da nacionalidade. A cidadania teria, assim, uma dimensão puramente jurídica e política, afastando-se da dimensão cultural que existe em cada nacionalidade. A cidadania teria uma proteção transnacional, como os direitos humanos. Por esta concepção, seria possível pertencer a uma comunidade política e ter participação independentemente da questão de nacionalidade.

Last but not least, cabe lembrar que os problemas que afetam a humanidade e o planeta atravessam fronteiras e tornam-se globais com o processo de globalização que se acelera neste final do século XX. Questões como produção, comércio, capital financeiro, migrações, pobreza, danos ambientais, desemprego, informatização, telecomunicações, enfim, as grandes questões econômicas, sociais, ecológicas e políticas deixaram de ser apenas nacionais, tornaram-se transnacionais. É nesse contexto que nasce hoje o conceito de cidadão do mundo, de cidadania planetária que vem sendo paulatinamente construída pela sociedade civil de todos os países em contraposição ao poder político do Estado e ao poder econômico do mercado.

O professor Bryan Turner indica duas possíveis linhas de desenvolvimento teórico da noção (ocidental) de cidadania. A primeira focalizaria as condições sob as quais a cidadania se forma em sociedades constituídas por problemas de complexidade étnica (tal como o Brasil), e a segunda abordaria a análise dos problemas que encaram a cidadania global como a contraparte política do mundo econômico (Turner, 1992).

Os Direitos de Cidadania

A cidadania tem assumido historicamente várias formas em função dos diferentes contextos culturais. O conceito de cidadania, enquanto direito a ter direitos, tem se prestado a diversas interpretações. Entre elas, tornou-se clássica a concepção de T. H. Marshall, que, analisando o caso inglês e sem pretensão de universalidade, generalizou a noção de cidadania e de seus elementos constitutivos (Marshall, 1967).

A cidadania seria composta dos direitos civis e políticos (direitos de primeira geração) e dos direitos sociais (direitos de segunda geração). Os direitos civis, conquistados no século XVIII, correspondem aos direitos individuais de liberdade, igualdade, propriedade, de ir e vir, direito à vida, segurança etc. São os direitos que embasam a concepção liberal clássica. Já os direitos políticos, alcançados no século XIX, dizem respeito à liberdade de associação e reunião, de organização política e sindical, à participação política e eleitoral, ao sufrágio universal etc. São também chamados direitos individuais exercidos coletivamente e acabaram se incorporando à tradição liberal.

Os direitos de segunda geração, os direitos sociais, econômicos ou de crédito foram conquistados no século XX a partir das lutas do movimento operário e sindical. São os direitos ao trabalho, saúde, educação, aposentadoria, seguro-desemprego, enfim, a garantia de acesso aos meios de vida e bem-estar social. Tais direitos tornam reais os direitos formais.

No que se refere à relação entre direitos de cidadania e o Estado, existiria uma tensão interna entre os diversos direitos que compõem o conceito de cidadania (liberdade x igualdade). Enquanto os direitos de primeira geração — civis e políticos — exigiriam, para sua plena realização, um Estado mínimo, os direitos de segunda geração — direitos sociais — demandariam uma presença mais forte do Estado para serem realizados. Assim, a tese atual de Estado mínimo — patrocinada pelo neoliberalismo, que parece haver predominado sobre a socialdemocracia nesta década — corresponde não a uma discussão meramente quantitativa, mas a estratégias diferenciadas dos diversos direitos que compõem o conceito de cidadania e dos atores sociais respectivos.

Na segunda metade do nosso século, surgiram os chamados "direitos de terceira geração". Trata-se dos direitos que têm como titular não o indivíduo mas grupos humanos como o povo, a nação, coletividades étnicas ou a própria humanidade. É o caso do direito à autodeterminação dos povos, direito ao desenvolvimento, direito à paz, direito ao meio ambiente etc. Na perspectiva dos "novos movimentos sociais", direitos de terceira geração seriam os relativos aos interesses difusos, como o direito ao meio ambiente e o direito do consumidor, além dos direitos das mulheres, das crianças, das minorias étnicas, dos jovens, anciãos etc. Já se fala hoje de "direitos de quarta geração" relativos à bioética para impedir a destruição da vida e regular a criação de novas formas de vida em laboratório pela engenharia genética.

A concepção de cidadania de Marshall prestou-se a inúmeras críticas, desde as que excluíram os direitos sociais do conceito de cidadania, por não serem direitos naturais e sim históricos (Cranston, 1983), até os que classificaram a cidadania em *passiva*, a partir "de cima", via Estado, e *ativa*, a partir "de baixo", de instituições locais autônomas. Haveria, assim, uma cidadania conservadora — passiva e privada — e uma outra revolucionária — ativa e pública (Turner, 1990).

Com efeito, para Cranston os direitos naturais não

estariam vinculados a coletividades nacionais, haveria que desvincular cidadania de nação. Os direitos naturais seriam limitados à liberdade, segurança e propriedade: são os direitos humanos que escapariam à regulamentação positiva por se tratar de princípios universais. Os direitos sociais, assim, não seriam considerados direitos naturais, como fez a ONU ao incluir os direitos sociais no elenco de direitos humanos.

Por outro lado, Turner acusou Marshall de evolucionista e etnocentrista, enquanto M. Roche classificou a concepção de Marshall de apolítica. Ambos discordam da leitura de Marshall do caso inglês e refutam a colocação dos direitos civis no começo: o Bill of Rights seria fruto de um processo político, de uma luta política pelas liberdades individuais. Assim, uma ação política precedeu o reconhecimento dos direitos civis implantados pela Revolução (Roche, 1987). Além disso, Marshall teria ignorado a crítica à "cultura de súditos", pois o inglês seria mais súdito do que cidadão, bem como a crítica ao imperialismo inglês, que desprezou os direitos civis nas colônias britânicas.

A Religião foi um fator importante para favorecer ou obstaculizar o desenvolvimento da cidadania. A versão calvinista do protestantismo reforçou o individualismo e favoreceu a cidadania, colocando ênfase na sociedade, e não no Estado. Já o protestantismo luterano na Alemanha foi diferente do calvinismo holandês. A religião é escolhida pelo Príncipe para o povo: Lutero reforça a obediência ao Estado. O alemão é primeiro alemão, depois cidadão, ao contrário do francês, que é primeiro cidadão, depois francês (Hermet, 1991). Seguindo uma linha agostiniana de inspiração platônica, Lutero se afasta da política, pois a cidade dos homens é má. Daí a aceitação da autoridade e o forte senso de nacionalismo. Segundo Norberto Elias, a identidade alemã se constrói na Universidade contra a Corte, ao contrário da França.

A tradição católica, por outro lado, teria trazido fraco senso de identidade, ao contrário do calvinismo com sua proliferação de seitas. A Igreja favoreceu as monarquias na sua luta contra o Sacro Império. E, do século XVI ao XVIII, apoiou as monarquias absolutas católicas para opor-se ao progresso da Reforma protestante, contribuindo para a clivagem que iria mais tarde opor a cidadania latina referida ao Estado à cidadania calvinista de costas para ele. O catolicismo, assim, reforçou o Estado Central (Hermet, 1991).

Já Richard Morse parece discordar: a tradição católica favoreceria o espírito público e a cidadania. O iberismo fortaleceu a cultura política e o espírito público, o que poderia constituir uma "vantagem do atraso". Contrapondo-se ao individualismo e ao contratualismo da cultura anglo-saxã, na cultura ibérica predominaria o todo sobre o indivíduo, fruto da visão tomista do Estado como promotor do bem comum (Morse, 1988). Mas, levada ao extremo, essa visão produziu uma concepção de política como assalto ao Estado, sem controle da sociedade. O iberismo se preocuparia mais com o Estado do que com o cidadão, reduzido à posição de colaborador obediente. A liberdade, no iberismo, correria o risco de reduzir-se à obediência ao Estado.

Morse parece aproximar-se da tradição cívica, que é muito diferente da tradição civil da Modernidade, com o Estado garantindo os direitos individuais. A tradição cívica coloca-se mais do ponto de vista do Estado do que do cidadão. Levada ao extremo, como em Esparta, a virtude do civismo chega a negar os direitos individuais. A atitude contemporânea que parece prevalecer é buscar uma estratégia para combinar o *civil* — direitos individuais — e o *cívico* — deveres para com o Estado, responsável pelo bem público. Combinar a "liberdade dos antigos" — participação política do homem público — com a "liberdade dos modernos" — direitos individuais do homem privado, para usar a expressão de Benjamin Constant.

Mas para isso parece ser necessária a presença anterior de um elemento aglutinador: o sentimento de comunidade, de identidade coletiva, que seria, nos antigos, pertencer a uma cidade e, nos modernos, pertencer a uma nação. A construção de uma cidadania plena exige um sábio equilíbrio entre os dois espaços — o público e o privado —, pois o predomínio excessivo de um pólo pode inviabilizar o outro (Carvalho, 1989). Em outras palavras, tratar-se-ia de buscar a integração da solidariedade familiar, existente no espaço doméstico, com as regras impessoais, racionais, das instituições públicas. Enfim, de levar a *casa* para a *rua* (Matta, 1988).

O Resgate da Cidadania Republicana

Embora o liberalismo tenha certamente contribuído para a formulação da idéia de uma cidadania universal, baseada na concepção de que todos os indivíduos nascem livres e iguais, ele, por outro lado, reduziu a cidadania a um mero *status* legal, estabelecendo os direitos que os indivíduos possuem contra o Estado. É irrelevante a forma do exercício desses direitos, desde que os indivíduos não violem a lei ou interfiram no direito dos outros. A cooperação social visa apenas a facilitar a obtenção da prosperidade individual. Idéias como consciência pública, atividade cívica e participação política em uma comunidade de iguais são estranhas ao pensamento liberal.

A visão republicana cívica, por outro lado, enfatiza o valor da participação política e atribui papel central à inserção do indivíduo em uma comunidade política. O problema é como conceber a comunidade política de forma compatível com a democracia moderna e com o pluralismo. Ou seja, como "conciliar a liberdade dos antigos com a liberdade dos modernos".

Para os liberais, trata-se de objetivos incompatíveis. O "bem comum" só pode ter implicações totalitárias. Os ideais da "virtude republicana" são relíquias pré-modernas que devem ser abandonadas. Para o liberalismo, a participação política ativa é incompatível com a idéia moderna de liberdade. A liberdade individual só pode ser compreendida de forma negativa como ausência de coerção.

Diversos autores, entretanto, mostram que não há necessariamente incompatibilidade básica entre a concepção republicana clássica de cidadania e a democracia moderna. É possível conceber a liberdade que, embora negativa — e portanto moderna —, inclua a participação política e a virtude cívica. A liberdade individual somente pode ser garantida em uma comunidade cujos membros participam ativamente do governo, como cidadãos de um estado "livre". Para assegurar a liberdade e evitar a servidão, devemos cultivar as virtudes cívicas e nos dedicar ao bem comum. Segundo Quentin Skinner, a idéia de um bem comum acima de nossos interesses privados é condição necessária para desfrutarmos da liberdade individual. Ele refuta a concepção liberal de que a liberdade individual e a participação política não podem ser reconciliadas.

Além disso, o resgate da visão republicana tem uma razão mais geral. Política é uma profissão; a não ser que políticos sejam pessoas de excepcional altruísmo, eles irão sempre encarar a tentação de tomar decisões de acordo com seus próprios interesses e dos grupos de pressão poderosos, em vez de levar em conta os interesses da comunidade mais ampla. Eis por que o argumento republicano transmite uma advertência que não podemos ignorar: se nós não atuarmos para impedir este tipo de corrupção política, priorizando nossas obrigações cívicas em relação a nossos direitos individuais, não deveremos nos surpreender se encontrarmos nossos próprios direitos individuais solapados. "Se nós desejamos maximizar a nossa liberdade pessoal, não devemos colocar a nossa confiança em príncipes, devemos ao contrário assumir nós mesmos a arena política" (Skinner, 1992).

É bom não esquecer, porém, que a realização completa da democracia é um projeto inalcançável. Trata-se, em vez disso, de utilizar os recursos da tradição democrática liberal para aprofundar a revolução democrática, sabendo-se que este é um processo sem fim. Combinando ideal de direitos e pluralismo com as idéias de espírito público e preocupação ético-política, uma nova concepção democrática moderna de cidadania pode restaurar dignidade ao político e fornecer o veículo para a construção de uma hegemonia democrática radical (Mouffe, 1992).

A prática da cidadania depende de fato da reativação da esfera pública onde indivíduos podem agir coletivamente e se empenhar em deliberações comuns sobre todos os assuntos que afetam a comunidade política. Em segundo lugar, "a prática da cidadania é essencial para a constituição da identidade política baseada em valores de solidariedade, autonomia e do reconhecimento da diferença. Cidadania participativa é também essencial para a obtenção da ação política efetiva, desde que ela habilite cada indivíduo para ter algum impacto nas decisões que afetam o bem-estar da comunidade. Finalmente, a prática da cidadania democrática é crucial para a expansão da opinião política e para testar nosso julgamento, e representa, neste sentido, um elemento essencial na constituição de uma vibrante e democrática cultura política" (Passerin d'Entrèves, 1992).

A Nova Cidadania

A cidadania surge como uma nova forma de definição da idéia de direitos, onde o cidadão passa a ter o direito de ter direitos. Incluindo o surgimento de direitos como a autonomia sobre o próprio corpo, a moradia e a proteção ambiental, direitos indispensáveis numa sociedade moderna, mas que não vigoram dentro do nosso Estado. Dessa forma, há a necessidade da desvinculação da nova cidadania das estratégias de classes dominantes e do Estado. A nova cidadania não deseja ser apenas uma forma de integração social indispensável para a manutenção do capitalismo, ela deseja a constituição de sujeitos sociais ativos que definam quais são os seus direitos. Todavia, essa estratégia de cidadania só se realizará quando houver uma ruptura dos "não-cidadãos" com o clientelismo, com as relações de favor, com a cidadania regulada ou concedida.

A nova cidadania exige uma nova sociedade, onde é necessária uma maior igualdade nas relações sociais, novas regras de convivência social e um novo sentido de responsabilidade pública, onde os cidadãos são reconhecidos como sujeitos de interesses válidos, de aspirações pertinentes e direitos legítimos. Esse conceito de cidadania enterra o autoritarismo social e organiza um projeto democrático de transformação social, que afirma um nexo constitutivo entre as dimensões da cultura e da política.

A ampliação da cidadania fatalmente implicará uma reforma intelectual, e para isso, será de extrema necessidade a inclusão das relações no interior da sociedade civil, estas serão as responsáveis pelas transformações das práticas sociais, pelo aprendizado social e pela construção de novas formas de relação, que incluem não somente a criação de sujeitos sociais ativos, mas também a integração das classes privilegiadas com os novos cidadãos. É um erro achar que o reconhecimento dos direitos pelo Estado encerra a luta pela cidadania, é um equívoco que subestima a sociedade civil como arena e alvo de luta política.

Dentro desse contexto, a nova cidadania se apresenta como um agente transformador da sociedade, uma vez que a participação desta na definição desse sistema acarretará a invenção de uma nova sociedade, que lutará por uma maior abertura de espaço na gestão das políticas públicas e por novas relações entre Estado e sociedade.

A maior dificuldade na implantação desse novo sistema está em articular o direito à igualdade com o direito à diferença. Essa arma utilizada pela direita para a manutenção do sistema vigente precisa ser adaptada pela esquerda, que reafirmará o vínculo entre a igualdade e a diferença. Todavia, a esquerda vê essa diferença como um modo de reivindicação, na medida em que ela surge como forma de desigualdade social. Para a esquerda, a diferença deve existir sem que tenha como conseqüência a discriminação, as pessoas devem ser diferentes, mas de maneira que essas diferenças não acarretem desigualdades e discriminação. O direito à diferença específica aprofunda e amplia o direito à igualdade.

Cidadania e Democratização do Estado

A cidadania ocupa lugar central na busca de um novo paradigma que deverá superar as limitações do Estado tecnocrático e do Estado liberal. Para melhor desenvolver este ponto, parece-nos adequado utilizar as categorias de governabilidade e *governance*.

Governabilidade se refere, em princípio, às condições sistêmicas mais gerais sob as quais se dá o exercício do poder numa sociedade, tais como as características do regime político (democrático ou autoritário), a forma de governo (parlamentarismo ou presidencialismo), as relações entre os poderes, os sistemas partidários (pluripartidarismo ou bipartidarismo), o sistema de intermediação de interesses (corporativista ou pluralista) etc. (Diniz, 1996).

Governance, por outro lado, diz respeito à capacidade governativa em sentido amplo, isto é, capacidade de ação estatal na implementação das políticas e na consecução das metas coletivas. Refere-se ao conjunto de mecanismos e procedimentos para lidar com a dimensão participativa e plural da sociedade. Sem abrir mão dos instrumentos de controle e supervisão, o Estado torna-se mais flexível, capaz de descentralizar funções, transferir responsabilidades e alargar o universo de atores participantes (Diniz, 1996).

Cremos que a atual crise de legitimidade do Estado revela, no fundo, a crise da democracia representativa parlamentar clássica. Os cidadãos não se reconhecem mais nas instituições que, por definição, foram por eles criadas. A democracia, principalmente na América Latina, vive um impasse entre as tentações de retorno autoritário e as profundas mudanças institucionais necessárias a seu aprofundamento. A consolidação democrática não pode ser atingida desvinculada da reforma do Estado.

O resgate da legitimidade do Estado passa, certamente, pelo aperfeiçoamento dos instrumentos de governabilidade, segundo as condições históricas e culturais de cada país. A nosso ver, porém, é no conceito de *governance* que se encontra a pedra de toque para recuperar a perdida legitimidade do Estado. A ação estatal, desvinculada das noções de interesse público, bem comum, responsabilidade pública, perde legitimidade.

Somente a participação da cidadania nos moldes de uma democracia associativa pode contrapor-se às características negativas do modelo representativo, como, por exemplo, fragilidade das instituições, dos partidos, do sistema eleitoral, do Legislativo, ao lado da hipertrofia da autoridade pessoal do Presidente. Verificamos hoje o esvaziamento do poder público, inércia na prestação de serviços, ausência de canais para a expressão de direitos, enfim, omissão do Estado no atendimento de necessidades fundamentais mediante políticas sociais efetivas.

Aumentar a eficácia do Estado significa não apenas aumentar a eficiência da máquina burocrática e aperfeiçoar os mecanismos técnicos de governabilidade. A reforma democrática do Estado exige melhorar as condições de *governance* do sistema estatal, aperfeiçoando as capacidades de comando e coordenação, mas principalmente redefinindo as relações com a sociedade civil mediante a criação e articulação de canais de negociação entre a sociedade e o Estado.

A existência de canais permanentes de negociação junto aos diversos órgãos do Estado permitirá a institucionalização da participação da cidadania nas decisões governamentais. Diversos países já contam com a existência de conselhos, com a participação de representantes do governo e da sociedade civil, para a elaboração de políticas públicas. Apontam na mesma direção o funcionamento de câmaras setoriais de negociação envolvendo atores interessados e autoridades governamentais, bem como os exemplos de orçamento participativo no plano local.

No modelo representativo, os partidos políticos se voltam para a conquista e preservação do poder governamental. A crescente profissionalização da política e a comercialização das campanhas eleitorais aumentam o fosso entre representantes e representados. São as associações, organizações e movimentos da sociedade civil que irrigam com suas reivindicações a esfera pública, contrapondo-se ao poder da mídia, do governo e do mercado.

É claro que também ocorrem novos processos de massificação, bloqueando a cidadania ativa mediante a integração eletrônica de telespectadores. Uma esfera pública democrática requer, porém, uma vida associativa livre, com a regulação da mídia e do mercado. A democracia exige uma cultura política gestada na liberdade.

A noção de espaço público não pode mais se limitar à visão liberal de um mercado de opiniões onde os diversos interesses organizados buscam influenciar os processos decisórios. No modelo chamado discursivo, de inspiração habermasiana, a esfera pública atua como instância intermediadora entre os impulsos comunicativos gerados na sociedade civil (no "mundo da vida") e as instâncias que articulam, institucionalmente, as decisões políticas (parlamento, conselhos). Não se trata mais de um "sitiamento" do Estado, sem intenção de conquista, mas de um sistema de "eclusas" entre o Estado e a sociedade. Ao transpor as eclusas, os influxos comunicativos da sociedade civil acabam influenciando as instâncias decisórias.

Para realizar essa função integrativa, a cidadania democrática deve, evidentemente, ser mais do que um *status* meramente legal. É necessário que ela se torne o elemento central de uma cultura política compartilhada. Uma sociedade multicultural só pode manter-se unida se a cidadania democrática não se limitar à visão liberal dos direitos políticos, expandindo-se para abranger direitos culturais e sociais.

Se o movimento socialista, de inspiração marxista, acabou, quando no poder, degenerando em totalitarismo, o liberalismo apoiou ditaduras autoritárias e costuma olhar a democracia de forma instrumental: ela é boa enquanto serve a seus interesses econômicos. A democracia, que é um valor universal, é usada como ideologia de grupos dominantes. Ora, a democracia não é apenas um regime político com partidos e eleições livres. É sobretudo uma forma de existência social. Democrática é uma sociedade aberta, que permite sempre a criação de novos direitos.

Os movimentos sociais, nas suas lutas, transformaram os direitos declarados formalmente em direitos reais. As lutas pela liberdade e igualdade ampliaram os direitos civis e políticos da cidadania, criaram os direitos sociais, os direitos das chamadas "minorias" — mulheres, crianças, idosos, minorias étnicas e sexuais — e, pelas lutas ecológicas, o direito ao meio ambiente sadio. Esses grupos excluídos poderiam ser compensados mediante políticas diferenciadas debatidas publicamente. É sempre através do debate político que as questões tornam-se públicas, possibilitando que os cidadãos exerçam a função de crítica e controle sobre o Estado.

Um Estado democrático é aquele que considera o conflito legítimo. Não só trabalha politicamente os diversos interesses e necessidades particulares existentes na sociedade, como procura instituí-los em direitos universais reconhecidos formalmente. Os indivíduos e grupos organizam-se em associações, movimentos sociais, sindicatos e partidos, constituindo um contrapoder social que limita o poder do Estado. Uma sociedade democrática não cessa de trabalhar suas divisões e diferenças internas, e está sempre aberta à ampliação dos direitos existentes e à criação de novos direitos (Chauí, 1995).

A cidadania, definida pelos princípios da democracia, se constitui na criação de espaços sociais de luta (movimentos sociais) e na definição de instituições permanentes para a expressão política (partidos, órgãos públicos), significando necessariamente conquista e consolidação social e política. A cidadania passiva, outorgada pelo Estado, se diferencia da cidadania ativa em que o cidadão, portador de direitos e deveres, é essencialmente criador de direitos para abrir novos espaços de participação política (Chauí, 1984).

A cidadania ativa está ligada às propostas de democracia direta baseada nos mecanismos constitucionais de referendo, plebiscito, iniciativa popular, possibilidade de revogação de mandatos, exigência de prestação de contas etc., assegurando-se, dessa forma, complementaridade entre representação política tradicional e participação popular direta. Esse tipo de concepção, fundada no dinamismo da criação e liberdade de novos sujeitos e novos espaços públicos, superaria a visão liberal do modelo do cidadão patriota proposto para toda a sociedade, como se ela fosse homogênea e unidimensional. A cidadania, em decorrência, implicaria a ligação necessária entre democracia, sociedade pluralista, educação política e democratização dos meios de comunicação de massa (Benevides, 1994).

A existência de um espaço público não-estatal é, assim, condição necessária da democracia contemporânea, que, como vimos, sofre hoje uma profunda crise de legitimidade. Enfrentar os desafios de aperfeiçoar os instrumentos de governabilidade e criar novas estruturas de *governance*, são requisitos necessários para superar a crise atual da democracia representativa.

Os espaços públicos não-estatais são arenas de negociação entre as instituições políticas e as demandas coletivas, interligando as funções de governo e a representação de conflitos. Como intermediações entre o Estado e a sociedade, esses espaços públicos, conforme já examinamos, requerem simultaneamente os mecanismos de representação e participação. Ambos são necessários para a existência da democracia nas sociedades complexas e para que o controle do Estado pela sociedade possa ser exercido de forma democrática, garantindo-se a expressão da vontade política dos cidadãos, e não apenas o interesse do mercador ou o desejo do príncipe.

Cidadania e Meio Ambiente

A legislação brasileira garante o direito do cidadão ao meio ambiente sadio. O meio ambiente é um bem público de uso comum. Segundo o Artigo 225 da Constituição Brasileira:

> "Todos têm direito ao meio ambiente ecologicamente equilibrado, bem de uso comum do povo e essencial à sadia qualidade da vida, impondo-se ao Poder Público e à coletividade o dever de defendê-lo e preservá-lo para as presentes e futuras gerações."

O meio ambiente ecologicamente equilibrado é um direito assegurado pela Constituição Federal, que definiu o meio ambiente como bem público de uso comum do povo, isto é, não pode ser objeto de apropriação privada ou estatal contrária ao interesse público. A utilização dos bens ambientais pelo Estado ou pelas empresas privadas não pode impedir que a coletividade use e desfrute desses bens.

A Constituição foi ainda mais longe ao impor ao Poder Público e à coletividade o dever de defender o meio ambiente. Isto significa que se o governo por acaso cruza os braços e faz vista grossa à degradação ambiental, os cidadãos e suas associações têm meios legais de exigir a proteção ambiental.

Sabemos muito bem que as leis nem sempre são cumpridas. É o que ocorre com a legislação ambiental. As empresas e o próprio governo são muitas vezes os primeiros a violar a lei ambiental, invadindo o espaço público para defender interesses econômicos privados. A luta pela defesa dos direitos ambientais é, assim, uma luta para garantir o caráter público do meio ambiente.

O direito do cidadão é inseparável da luta pelos seus direitos. O cidadão é o indivíduo que luta pelo reconhecimento de seus direitos, para fazer valer esses direitos quando eles não são respeitados. É necessário ter consciência do direito de cada um e de todos ao meio ambiente sadio. É preciso utilizar os instrumentos que a lei oferece ao cidadão e suas associações para fazer cumprir a lei e proteger o meio ambiente.

Vimos acima que o meio ambiente é um bem coletivo, um bem de uso comum do povo. Não deve ser destruído para atender interesses econômicos privados que se chocam com o interesse público da coletividade (p. ex.: poluição do ar, da água e dos alimentos). Não se pode admitir que alguns enriqueçam, enquanto a maioria é prejudicada com a degradação ambiental.

Para fazer valer o nosso direito ao meio ambiente, precisamos conhecer um pouco de Ecologia e de política ambiental, vista não apenas como política de governo, mas como parte das políticas públicas voltadas para o interesse da maioria da sociedade. E depois, ainda, conhecer as entidades e movimentos que se organizaram para defender o meio ambiente. Esses são os assuntos dos próximos capítulos.

Capítulo II

AS ECOLOGIAS

A Ecologia nasceu na segunda metade do século XIX através de Ernest Haeckel, que, pela primeira vez, utilizou o termo Ecologia para designar uma ciência que estudasse a economia da natureza ou as relações dos organismos com o meio ambiente.

Optei por relacionar as Ecologias porque o que se dá no momento é um debate entre orientações e um embate político. A Ecologia de que todos ouvem falar se refere a correntes do pensamento ecológico, não mais a uma única ciência, mas a diferentes Ecologias. As principais correntes nascem da Biologia e da Geografia, da Engenharia Ambiental, da Economia Política, do Planejamento, do Desenvolvimento e das questões do Comportamento Humano.

A Bioecologia

Haeckel viveu uma época de intenso interesse pela natureza, época das grandes expedições de estudo que produziram, entre outros resultados, a obra de Darwin sobre a evolução das espécies. O próprio Darwin publicou estudos ecológicos sobre a estrutura e distribuição de arrecifes de coral, formação de terra vegetal pela ação das lombrigas e outros.

Embora tenha se mantido como uma ciência de síntese dessa febre de pesquisas sobre a natureza, a Ecologia se desenvolveu em diferentes direções, sendo as principais as que são citadas por Ramón Margalef: 1) A descrição e ordenação da paisagem geográfica; 2) Questões práticas da agricultura e pecuária; 3) Fisiologia e Etologia; e 4) Demografia.

A Ecologia evoluiu também de acordo com os estudos dos ambientes (água, solo, ar) e dos seres vivos (animal ou vegetal). O uso da palavra Ecologia sem essas especificações de ambientes ou seres é muito recente e remonta à década de 50, já no século XX.

Enquanto ciência de síntese, a Ecologia foi sistematizando um conjunto de conceitos e métodos que formam a base para se pensar ecologicamente a realidade natural.

Destacar termos é muito perigoso em uma ciência que é ciência de relações, mas se trata aqui não de discutir uma ciência, mas apenas de introduzir o leitor numa discussão.

Cabe então destacar:

— A biosfera, que se compõe da vida e das frações do ar, da água e do solo onde se desenvolve a vida;

— O biótopo (componentes abióticos), que designa o suporte inorgânico da vida;

— A biocenose, que é o conjunto de populações de espécies diferentes que constituem uma comunidade (...) é o conjunto de organismos que vivem num biótopo determinado.

A associação do biótopo com a biocenose constitui o ecossistema cujos limites são variáveis e em certa medida arbitrários. Se eu levantar uma pedra em um jardim, vou encontrar diferentes seres ali abrigados, mantendo diferentes relações entre si e com o substrato. Poderia chamar essa comunidade de ecossistema, como poderia utilizar o mesmo termo para designar a Floresta Amazônica.

> "O ecossistema foi definido originalmente por A. G. Tansley, em 1935, como uma comunidade abrangendo não somente as plantas das quais é composto, mas também os animais habitualmente associados a elas, além dos componentes físicos e químicos do ambiente adjacente ou do hábitat onde existe a comunidade" (Darling e Dasmann).

Nos substratos, a Ecologia estuda a composição química e as condições físicas (concentrações, distribuição, estrutura, pressão, temperatura, umidade). Nas relações dos seres vivos com os substratos, se estudam as trocas e os ciclos (do carbono, do nitrogênio, do fósforo, do enxofre, do mercúrio, da água etc.).

Nos ecossistemas são estudados as espécies, as populações, os hábitats e nichos, a produtividade e a classificação dos seres na produção (produtores primários, consumidores e decompositores) e na cadeia alimentar. Como os organismos se produzem, se reproduzem, se consomem e se decompõem para retornar ao substrato da natureza.

Os ecossistemas são estudados ainda através dos seus estados de desenvolvimento até o clímax, além dos equilíbrios e desequilíbrios, formação e desaparecimento.

É muito pouco, para caracterizar uma ciência, citar aleatoriamente, como fiz até aqui, os seus conceitos principais. Que me perdoem os ecólogos, mas para o interesse deste trabalho é o que basta, pois permite perguntar como e por que esse conjunto de conceitos, essa Biologia, a partir de um determinado momento da história, começa a se transmudar em Ciência Social?

> Segundo Eugene Odum: "A Ecologia tem se tornado, cada vez mais, uma disciplina integrada que une as ciências naturais e sociais. Deixou de ser uma matéria apenas biológica (...) Mas também é uma ciência aplicada, pois o comportamento humano tem muito a ver com a estrutura e função dos ecossistemas."

Essa insistência em exibir o caráter aplicável por excelência da ciência ecológica é criticada por J. L. Fabiani, que contrapõe a ela o fato de que "os físicos não têm necessidade de insistir na aplicabilidade de seus resultados; os pesquisadores sociais são céticos sobre a aplicabilidade dos seus resultados de pesquisa". Seriam os ecologistas ideólogos de um novo projeto social?

A resposta a essa questão não poderia ser dada sem profunda e prolongada pesquisa e discussão, o que estenderia demais os limites deste trabalho. No entanto, cabe a indicação de algumas pistas para essa reflexão, e a primeira se refere à criação da Ecologia Humana, que se desenvolveu também no Brasil como ciência de apoio ao sanitarismo ou à prevenção de endemias, isto é, doenças cuja transmissão se dá em conseqüência das condições de vida e ambiente.

Anterior a essa orientação desenvolveu-se uma Ecologia Humana na Chicago School of Sociology, a partir da década de 30, em pesquisas que procuravam uma forma estrutural de compreender a evolução social em curso naquela cidade. Segundo Daniel J. Hogan, "esta, então, foi a primeira abordagem da Ecologia na Sociologia através da noção de espaço". Ainda segundo esse mesmo Hogan, "uma segunda linha data de 1950 quando Amos Hawley" publicou o seu *Human Ecology*, onde o autor apresenta "um quadro detalhado para a análise da vida social, identificando a adaptação do homem ao seu meio como questão fundamental para a Sociologia".

Na linha de desenvolvimento da Ecologia como descrição e ordenação da paisagem geográfica também se alcançaram as fronteiras da ciência social. São casos exemplares desse desenvolvimento os trabalhos de Alberto Ribeiro Lamego sobre as "paisagens", hoje ecossistemas, do Estado do Rio de Janeiro (O homem e a restinga, O homem e o brejo, O homem e as serras, e outros). Mais tarde, Josué de Castro é nitidamente um geógrafo político, com *Geografia da fome* e outros trabalhos. Essa linha de aproximação se completa em Manoel Correa de Andrade, com *A terra e o homem no Nordeste*, onde estuda as diferentes formações da região nordestina — Zona da Mata, Agreste e Sertão — e os sistemas produtivos que aí se desenvolvem.

Antes de se tornar o estudo das transformações no espaço ou na quase economia política de Milton Santos, Orlando Valverde e outros, a Geografia foi uma Ecologia Humana que se dedicava à caracterização do espaço nos aspectos de clima, relevo, geomorfologia, hidrografia e vegetação, chegando ao homem através da demografia e do estudo da distribuição espacial das atividades econômicas.

Na linha dos estudos demográficos, desde Malthus, as preocupações ecológicas se referem à pressão do crescimento das populações humanas sobre os recursos naturais, chegando até Paul Erlich com o seu livro *The Population Bomb*.

Podemos afirmar, por fim, que a transposição da Biologia para a Sociologia ou da Ecologia para a Ciência Social se dá a partir do momento que estudamos o papel do homem na natureza, discussão filosófica que atravessa os séculos, mas podemos afirmar também que essa discussão se acentua e muda de caráter quando os homens desenvolvem sistemas produtivos tão poderosos que superam a capacidade de equilibração da natureza e de seus diferentes ecossistemas.

Aqui estamos novamente nas fronteiras da ciência e das ideologias, entre a pesquisa e os movimentos políticos. Não que afirmemos a pureza da ciência e a promiscuidade da ideologia, pelo contrário, aqui se desenvolve mais claramente, a gestação de um novo pensamento social. Assim como a teoria evolucionista de Darwin foi fruto e base para o desenvolvimento do liberalismo — a luta pela vida, a concorrência, a sobrevivência do mais forte — e do capitalismo, acredito que nós nos encontramos agora no limiar de um novo pensamento social, de novos movimentos políticos que integram a sobrevivência do planeta e da humanidade como preocupações fundamentais.

A Engenharia Ambiental

A Engenharia Ambiental é uma segunda vertente importante do pensar ecológico atual. Uma segunda Ecologia. Ela trata de minimizar os efeitos danosos da ação humana sobre a natureza. É mais uma técnica do que uma ciência e se origina do Urbanismo e das Engenharias Química e Sanitária para chegar, hoje, aos sistemas de controle e recuperação ambiental.

Essa passagem da Engenharia Sanitária para Ambiental tem como marco a primeira metade da década de 50, quando numa noite de inverno, na cidade de Londres, se constatou uma afluência inusitada aos hospitais, por conta de problemas respiratórios. Não só o número de atendimentos como também o número de óbitos, naquela noite, foram significativamente maiores que os registros normais. Foi daí que a Engenharia Sanitária saiu das águas, dos esgotos, dos resíduos sólidos e dos vetores para entender um ambiente mais amplo que incluía a qualidade do ar. Não que os problemas de poluição do ar não fossem percebidos pelas autoridades ou sentidos pela população. Já na primeira revolução industrial, esses efeitos eram sentidos no ambiente das grandes cidades, tanto que as classes mais abastadas procuraram se estabelecer nas periferias, definindo padrões de urbanização até hoje vigentes nos países desenvolvidos. Mas, para a Engenharia Sanitária, o acidente de Londres representou um momento de mudança e de transferência de conceitos e métodos do controle sanitário para o controle ambiental. A Engenharia Ambiental se desenvolveu, então, centrada sobre as questões da poluição, seja do ar, seja das águas.

Os métodos de controle têm por base a caracterização

da qualidade do ambiente, a avaliação da capacidade de absorção ou de autodepuração dos meios, a medição de emissões (ar) ou de efluentes (água) e a imposição de sistemas de tratamento.

O recurso à Engenharia Química se deu na medida em que as emissões e efluentes, ou que as substâncias que eram lançadas no meio ambiente, já não eram digeríveis pela natureza mas incluíam compostos muito agressivos e não degradáveis.

O Urbanismo foi sendo assimilado na medida em que se caracterizou que problemas de poluição, quase insolúveis, eram produzidos em decorrência da localização de fontes.

A caracterização da qualidade do ambiente se dá através da definição de substâncias a controlar, da coleta periódica de amostras, da análise e da comparação com padrões de qualidade. Assim, o ar considerado de má qualidade revela a presença de substâncias nocivas (óxidos de enxofre, nitrogênio, hidrocarbonetos, monóxido de carbono e partículas) em concentrações superiores àquelas definidas pelos padrões. A água é poluída se, do ponto de vista orgânico, apresenta uma taxa de coliformes acima dos padrões ou se, do ponto de vista químico, apresenta metais pesados, fenóis ou substâncias tóxicas acima dos padrões.

Na avaliação da capacidade de absorção ou de dispersão do meio, classificam-se os elementos do meio de acordo com os usos que se decide dar a eles, definem-se, os limites suportáveis pelo homem para a presença de substâncias nocivas e estabelecem-se normas de uso e controle.

A medição de emissões ou de efluentes permite caracterizar as principais fontes de poluição e planejar atividades de controle. Dessa caracterização de fontes se inicia um trabalho de negociação com os agentes poluidores para a implantação de sistemas de tratamento que podem ser filtros ou lavagem de gases para as emissões ou estações de tratamento para os efluentes.

Ao lado dessas propostas de controle da poluição se desenvolve o sistema de prevenção que inclui o planejamento ambiental que irá compor os diagnósticos de qualidade, elaborar metodologias para estudos de avaliação de impacto ambiental, definir critérios de localização de atividades poluidoras, exigências para instalação de atividades, e o zoneamento de território para tornar compatíveis o desenvolvimento econômico e o controle da qualidade do meio ambiente, orientando o licenciamento de atividades que se queiram instalar ou a fiscalização das atividades instaladas.

Além do controle da poluição do ar e da água, a metodologia de trabalho da Engenharia Ambiental se estendeu para o controle de agrotóxicos, dos resíduos, da disposição de resíduos tóxicos e da poluição acidental.

Essa atividade da Engenharia Ambiental se dá no campo da prevenção e do socorro a acidentes com substâncias nocivas. Nesse âmbito, são diversos os acidentes que resultaram em sérios danos ao homem e ao ambiente. Pode-se citar o de Seveso na Itália, de Bophal na Índia, o de Chernobil na antiga URSS, além dos freqüentes acidentes com petroleiros. Somam-se aos acidentes as tragédias como as de Minamata no Japão, de Love Canal nos EUA, da desertificação no Sahel e outras.

Essa informação genérica sobre a Engenharia Ambiental não é feita aqui apenas porque tenho facilidade de escrever sobre o assunto (por sinal, eu apresentei um resumo muito rápido, caricatural até), mas porque a ação de controle da qualidade do meio ambiente tem sido um dos aspectos centrais do debate ecológico atual.

As denúncias sobre problemas ambientais se baseiam principalmente nesses trabalhos de engenharia. Os critérios de bom e mau ambiente, poluído e não poluído, se originam daí. Os pressupostos ideológicos desse trabalho servem de base a diferentes correntes políticas. O fato de se ter conseguido recuperar o Rio Tâmisa, na Inglaterra, é utilizado como justificativa para ações de deterioração do meio ambiente ou como exemplo e paradigma para as soluções de mercado para os problemas de qualidade ambiental. A questão econômica é avaliada a partir dos custos de despoluição ou dos danos causados a terceiros. O mercado de tecnologias e equipamentos de controle é um importante elemento das economias dos países mais avançados.

Desse sistema de planejamento, controle e recuperação podem se definir estruturas políticas, estratégias de relacionamento do homem com a natureza, novas metodologias de controle sobre a vegetação, fauna e sobre o próprio homem.

Controle esse que pode assumir diferentes sentidos, já que a figura do homem, tanto na Ecologia da Biologia quanto na Engenharia Sanitária, é uma figura genérica, uma espécie entre outras, e não é analisado como população humana, socialmente estratificada, com os diferentes grupos sociais consumindo recursos ou produzindo resíduos de forma também diferenciada. Vale notar, finalmente, que da orientação geral e do trabalho da Engenharia Ambiental o controle da poluição se revelou um problema no relacionamento entre países. Principalmente na Europa, onde existem rios que atravessam diferentes países e onde, pela primeira vez, se evidenciou o fenômeno das chuvas ácidas, a poluição do ar de um país caindo sob a forma de chuva sobre outro país, causando danos significativos à vegetação, aos monumentos e edificações.

Hoje, a ameaça do efeito estufa, a destruição da camada de ozônio, a poluição dos mares são considerados problemas de toda a humanidade. As conseqüências políticas no relacionamento entre as nações já começam a ser sentidas. A Engenharia Ambiental passa a ser exigida como técnica de controle social, seja sobre o crescimento das populações pobres, seja para a localização de atividades poluidoras, seja para a disposição de resíduos tóxicos, seja para o controle do crescimento econômico ou para ditar as opções do desenvolvimento.

A Ecologia Política

A Ecologia Política é filha e irmã da Economia Política. Duas grandes vertentes da Economia chegaram à discussão ecológica através de diferentes caminhos.

A Economia Liberal se envolve no debate através da discussão de quem assumiria os custos de recuperação do meio ambiente danificado — Estado ou poluidor. Aprofunda-se no debate ao analisar a pressão das populações e depois do crescimento econômico sobre o estoque de recursos naturais da humanidade. Tem o seu momento de maior clareza na questão ecológica através do Relatório do Clube de Roma, *Os limites do crescimento*. De forma muito superficial, pode-se resumir a tese central desse relatório através da seguinte afirmação: se os padrões de vida e crescimento dos países desenvolvidos fossem estendidos a todos os povos, acarretariam uma pressão tal sobre os recursos naturais que a vida desapareceria da face da Terra. É importante lembrar que tal afirmativa se fez a partir da contratação de especialistas em Economia, de um trabalho sério de pesquisa e demonstrado por modelos computacionais e números aparentemente irrefutáveis.

Celso Furtado denuncia as conclusões do Clube de Roma, alertando para o fato de que as projeções sobre o esgotamento de recursos se dão em cima dos níveis de consumo dos povos dos países desenvolvidos, sem considerar que existe uma população com renda média de 3.000 dólares e outra com renda de 300 dólares pressionando diferentemente os recursos naturais do mundo. Desmistifica a visão do desenvolvimento identificada com um crescimento econômico de extensão dos padrões de consumo do mundo desenvolvido, independente de mudanças nas relações sociais e nas relações entre países (Celso Furtado, *O mito do desenvolvimento.* Rio de Janeiro, Paz e Terra, 1974).

> Para Alain Touraine, "foi em primeiro lugar a bomba atômica e o perigo da guerra total que impuseram a idéia de limite. Mesmo hoje em dia, por mais que os conteste o procedimento do Clube de Roma e a sua extrema insistência em dissociar os problemas sociais dos problemas da natureza, é evidente que o tipo atual de crescimento das sociedades industriais não pode ser prolongado por muito tempo. Descobrimos que a natureza é finita e também que as necessidades são infinitas. A finitude não quer dizer que a sociedade humana deveria ocupar o nicho que lhe reserva o ecossistema e daí não mais sair, mas que a sociedade é um sistema

que, na sua ação de transformação de si mesmo e da natureza, deve levar em conta os limites e a resistência das realidades físicas e psicológicas que ela utiliza como recursos" (A. Touraine, *Em defesa da Sociologia*. Rio de Janeiro, Zahar, 1976).

Certo ou errado em conclusões ou premissas, refutável ou irrefutável nos seus números, o Relatório do Clube de Roma sinaliza o fato de que a Economia Liberal e o Capitalismo decidiram levar a questão ambiental a sério, em decorrência de pressões e do reconhecimento de um mercado de despoluição.

Hoje está em plena evolução uma Ecologia de Mercado onde as próprias empresas internacionais estabelecem normas (ISO-14.000) e procedimentos para a certificação de produtos, a avaliação de impacto, a auditoria ambiental, a análise de risco, a contabilidade econômica/ecológica.

Na Economia Política marxista, o problema ambiental tem como precursor F. Engels.

Engels tem intuições inexplicáveis que, tendo por base a ciência de sua época, chegam até a predição de uma era glacial: "avança a hora em que o calor solar, que declina lentamente, não consiga derreter os gelos invasores, provenientes dos pólos" (*Dialética da natureza*. Rio de Janeiro, Paz e Terra, 1979).

Mas é o seu pensamento filosófico que estabelece a distinção entre a ação do homem e a dos outros animais:

> "O animal apenas utiliza a natureza, o homem a submete, domina a natureza. E esta é a diferença essencial e decisiva entre o homem e os demais animais; é o trabalho que determina essa diferença."

Ele define a questão ecológica como a entendemos hoje:

> "A cada uma dessas vitórias (do homem sobre a natureza) ela exerce a sua vingança. Cada uma delas, na verdade, produz, em primeiro lugar, certas conseqüências com que podemos contar; mas, em segundo e terceiro lugares, produz outras muito diferentes, não previstas, que, quase sempre, anulam essas primeiras conseqüências."

Cita, então, processos hoje chamados de desertificação, na Mesopotâmia, Grécia e Ásia Menor: "É assim, somos a cada passo advertidos de que não podemos dominar a natureza, como alguém situado fora da natureza; mas sim que lhe pertencemos."

Engels não deixa, entretanto, de relacionar os efeitos sociais desse processo:

> "Todos os modos de produção só tiveram por objetivo, até agora, o efeito útil, mais imediato, do trabalho. As demais conseqüências, que só aparecem mais tarde, tornando-se evidentes por sua repetição e acumulação gradual, foram completamente descuidadas (...) nos países industriais mais avançados, o homem dominou as forças naturais, submetendo-as a seu serviço. Qual a conseqüência daí decorrente? Crescente excesso de trabalho e crescente miséria das massas" (essas citações são do artigo "Humanização do macaco pelo trabalho", de fins de 1875 e começos de 1876).

Entretanto, o advento do socialismo que conhecemos não tem significado a superação das conseqüências ambientais da produção. O objetivo de superação da miséria e das desigualdades acarreta o redirecionamento do sistema produtivo mas não a transformação do modelo tecnológico adotado pelos países socialistas. Mesmo a sociedade chinesa, que generalizou o uso de tecnologias de interesse social, o reaproveitamento de recursos (biodigestores, adubação orgânica etc.), a medicina natural e popular, o controle do crescimento populacional, chegou a um impasse na sua história, cujas saídas se polarizaram na luta entre a proposta de uma revolução cultural proletária e a atual política de modernização e crescimento.

Os ecologistas, mesmo os de origem marxista e muito antes da Perestróika, passaram a questionar a proposta de crescimento, seja ela voltada para o lucro ou para o interesse social:

> "O capitalismo de crescimento está morto. O socialismo de crescimento, que se assemelha a ele como irmão, reflete a imagem deformada do nosso passado, e não mais do nosso futuro. O marxismo, ainda que continue insubstituível enquanto instrumento de análise, perdeu seu valor profético" (André Gorz, *Ecologie et politique*. Paris, Seuil, 1978).

A crescente miséria das massas de que falava Engels, nos países industriais avançados, foi substituída por um *way of life* cercado por uma miséria, ainda mais dramática e crescente, dos povos dos países periféricos.

> René Dumont chega a afirmar que: "A contradição principal de nossa época não se situa entre patrões e empregados, dirigentes e dirigidos dos países ricos. Mas

entre os proletários dos tempos modernos, que são as massas rurais, os favelados e outros desempregados e subempregados, miseráveis dos países dominados, de um lado, e todos aqueles que os exploram, de outro: inclusive os operários dos países mais ricos" (René Dumont, *L'utopie ou la mort*. Paris, Seuil, 1973).

Para Jean-Pierre Dupuy, "O capitalismo de crescimento atingiu, pois, certos limites" e nós estamos diante de uma escolha entre um capitalismo ecológico ou a instauração de uma outra lógica social. Depois de reconhecer que o capitalismo mundial já se decidiu a levar a ecologia a sério, o autor caracteriza as grandes linhas desse capitalismo que supõem a transformação da qualidade de vida em mercadoria, uma nova divisão internacional do trabalho (felicidade para o centro e poluição para a periferia) e a integração de novos constrangimentos à produção (produzir o ar e a água além da própria força de trabalho). O autor relata ainda o que chama de encontro entre a "ambigüidade da ecologia" e a "ambigüidade do marxismo", caracterizando, como principais temas da contestação ecológica, a questão da sobrevivência da humanidade em escala planetária, a crítica do fetichismo das forças produtivas (a humanidade só poderá alcançar o reino da liberdade desde que, primeiramente, escape do reino da necessidade), a questão da tecnologia e do modo de produção industrial e, finalmente, a crítica do Estado e da heteronomia política (J. P. Dupuy, *Introdução à crítica da Ecologia Política*. Rio de Janeiro, Civilização Brasileira, 1980).

A Ecologia Política de base marxista não desenvolve tecnologias, mas exerce uma influência muito profunda no movimento ecológico e nas correntes marxistas. O primeiro passa a se entender como um movimento transformador, e não apenas de resistência à destruição da natureza. E o marxismo passa a incluir nas suas reflexões a questão do meio ambiente.

Hoje, muito ecólogos se detêm, de maneira mais aprofundada, em questões referentes a quem ou que interesses se apropriam ou determinam o modo e a intensidade da utilização dos recursos, ou quais os segmentos sociais que exercem maior pressão sobre os recursos, ou ainda quais os modos de produção ou sistemas econômicos que definem o processo de aproveitamento dos recursos. Em que medida esses são utilizados para atender às necessidades sociais ou apenas para produzir lucros.

Enfim, é clara a necessidade do desenvolvimento de uma Ecologia Política que se preocupe com a pesquisa sobre esse tipo de indagações.

No plano político, a recente expressão de movimentos sociais ligados aos problemas de Ecologia e Urbanismo, comportamento e convivência, e o descrédito das propostas socialistas tradicionais colocam a necessidade de uma avaliação da importância desses movimentos, tanto no que se refere aos seus desdobramentos no plano da política partidária quanto no sentido da superação do maniqueísmo imposto pelo contexto da guerra fria.

Mas é no plano social, em países de povo pobre, que as distinções merecem uma maior dedicação: 90% das pessoas não conseguem nada dos outros 10% — que se apropriam dos resultados do trabalho humano —, nem o suficiente para comer, beber, morar ou mesmo respirar de maneira mais digna. E, se não ganham, não consomem, e, se não consomem, não gastam recursos naturais tão preciosos.

E se esses 90% não consomem, quem é que está destruindo a natureza? "Cada criança nascida nos Estados Unidos será um consumidor cinqüenta vezes maior do que uma nascida na Índia" (Paul Erlich).

Os ecologistas já aceitam hoje, discutir a retomada do crescimento econômico com vistas à superação da pobreza absoluta nos países periféricos. O debate não se dá apenas no plano do quem polui ou paga os custos de reparação. A Ecologia Política explicita e recoloca a questão ambiental no âmbito político, o da escolha da sociedade planetária que se pretende construir.

A Ecologia do Desenvolvimento

O Ecodesenvolvimento nasceu em uma época imediatamente anterior aos impactos decorrentes da valorização dos preços do petróleo no mercado internacional. O Ecodesenvolvimento atendia ao impasse entre poluição e miséria colocado na Conferência de Estocolmo, mas teve fôlego maior devido à crise do petróleo.

Um conjunto de idéias, tendentes à redefinição do modelo energético em curso, passaram a ser divulgadas e a gerar propostas de trabalho. Paralelamente a projetos grandiosos necessários à chamada reciclagem dos petrodólares, foram sendo objeto de discussões, os estudos sobre energia alternativa, conservação de energia, aproveitamento de biomassa, energia solar, casa autônoma, reciclagem de materiais e de resíduos, tecnologias doces, leves (*soft*) ou apropriadas, temas de algum modo balizados por Schumacher, no seu livro *Small Is Beautiful*.

Do ponto de vista ambiental, essas propostas geravam duas ordens de preocupações. Por um lado era necessário criar instrumentos para a avaliação dos impactos ambientais dos grandes projetos e por outro incentivar projetos alternativos, já que em geral a definição de um novo modelo energético que incentivasse a economia através da mudança de fontes e da queima mais completa dos combustíveis poderia ter efeitos altamente significativos sobre o meio ambiente.

Permeando a discussão do problema ambiental, ora subjacente, ora claramente colocada como objetivo primeiro de uma política do setor, se colocava a questão da qualidade de vida da população.

O termo ambiente era encarado como "o hábitat total do homem", conforme o Programa das Nações Unidas para o Ambiente na Conferência de Estocolmo em junho de 1972. Já para a abordagem sistêmica, "o ambiente é constituído por tudo o que não faz parte do sistema intencional estudado, mas que afete o seu comportamento" (W. Churchman). Numa perspectiva ainda abrangente, era possível distinguir como integrantes do conceito de ambiente o meio natural, o meio social e o processo produtivo. Dizendo de outro modo, o ambiente é o resultado da organização do processo de transformação dos recursos naturais (produção) com o objetivo de gerar benefícios (qualidade de vida) para o homem e/ou lucros (economia de mercado). Natureza, produção e vida eram, então, as bases para pensar o ambiente.

Para os países atrasados, além da questão do ambiente, a crise colocava em discussão o problema do crescimento econômico. Se, até então, o problema que estava posto era a necessidade do desenvolvimento para a superação de um quadro crônico de disparidades e carências sociais, agora se passava a indagar sobre o caráter desse desenvolvimento, a falsa dicotomia entre poluição e miséria sendo descartada pela compreensão de que a degradação do ambiente não era necessariamente uma conseqüência do crescimento, mas poderia ser apenas conseqüência da espoliação de recursos para manutenção dos padrões de consumo dos países ricos.

Dentro desse contexto é que se enuncia a necessidade de novas estratégias para pensar e fazer o desenvolvimento.

Maurice F. Strong, diretor executivo do PNUMA — Programa das Nações Unidas para o Meio Ambiente —, lançou a idéia do Ecodesenvolvimento, durante a primeira reunião do Conselho de Administração desse Programa, em Genebra, em junho de 1973, e o definia como um estilo de desenvolvimento particularmente adaptado às regiões rurais do Terceiro Mundo.

No entanto, sem pretender se tornar uma alternativa ideológica para o crescimento, o conceito se amplia, visando a atender às necessidades de superação da miséria, da contaminação ambiental e do caráter perverso do crescimento econômico.

O Ecodesenvolvimento passa a se definir como:

> "(...) um processo criativo de transformação do meio, com a ajuda de técnicas ecologicamente prudentes, concebidas em função das potencialidades deste meio, impedindo o desperdício inconsiderado dos recursos, e cuidando para que estes sejam empregados na satisfação das necessidades reais de todos os membros da sociedade, dada a diversidade dos meios naturais e dos contextos culturais. Promover o Ecodesenvolvimento

> é, no essencial, ajudar as populações envolvidas a se organizar, a se educar, para que elas repensem seus problemas, identifiquem suas necessidades e os recursos potenciais para receber e realizar um futuro digno de ser vivido, conforme os postulados de justiça social e prudência ecológica" (Ignacy Sachs).

A proposta do Ecodesenvolvimento produziu inúmeras experiências por todo o Terceiro Mundo. Centros de pesquisa foram organizados para a criação de tecnologias alternativas aliadas a programas de interesse social. Mesmo políticas de mais longo alcance foram implementadas, se não claramente ecodesenvolvimentistas, pelo menos considerando a necessidade de produção de tecnologias alternativas e de soluções sociais.

O Pro-Álcool brasileiro, mesmo sendo resultado de uma aliança entre governo militar, usineiros e multinacionais do ramo automobilístico, pode ser considerado uma experiência, de largo alcance, de implantação de uma produção alternativa. Muitas usinas, na segunda metade do programa, foram mais longe, criando alternativas para o aproveitamento energético do bagaço da cana, associando a agricultura à pecuária, reduzindo o despejo do vinhoto e águas de lavagem através da redefinição do desenho das destilarias; fabricação de papel, uso de águas residuárias para irrigação, produção de biofertilizantes foram outras formas de aproveitamento de resíduos.

No entanto, o Ecodesenvolvimento, à semelhança do Desenvolvimento Comunitário da década anterior, sofria da suspeita de se tornar um desenvolvimento menor, uma alternativa para enganar os pobres ou, ainda, na melhor das hipóteses, de criação de um desenvolvimento autóctone. No eixo leste-oeste já se delineava a terceira revolução industrial, com suas características de terceirização, de desenvolvimento da Informática e da Telemática, da Física do Estado Sólido e da descoberta dos novos materiais, do mundo simbólico das comunicações, da corrida espacial e da energia nuclear, da Biotecnologia e da Engenharia Genética, dos tigres asiáticos e por fim a Perestróika e a queda do Muro de Berlim.

O Ecodesenvolvimento não ficou relegado aos pobres porque a crítica ao crescimento econômico e suas conseqüências continuou a ser feita. Lester Brown, em 1981, publica o livro *Por uma sociedade viável*, onde, após analisar a pressão do crescimento sobre a base de recursos do planeta, propõe a construção de uma "sociedade perdurável".

Segundo Antônio Carlos Diegues:

> "Outras organizações internacionais, como a União Internacional para a Conservação da Natureza — IUCN — e o Fundo Mundial da Vida Selvagem, lançaram, no início da década de 80, a Estratégia Mundial para a Conservação, propondo formas de harmonizar o desenvolvimento socioeconômico e a conservação dos recursos naturais."

Ainda segundo Diegues, "essa publicação lançou também o conceito de desenvolvimento sustentado, que, em última análise, segue o mesmo paradigma do Ecodesenvolvimento".

Segundo Walter Soboll, é o mesmo Ignacy Sachs do Ecodesenvolvimento que explicita agora o conceito de desenvolvimento sustentado em suas dimensões social, econômica, ecológica, geográfica e cultural.

Na dimensão social fala de um crescimento estável, de uma distribuição eqüitativa da renda e dos recursos e na redução das desigualdades.

Na dimensão econômica condiciona a viabilidade do desenvolvimento sustentável ao estabelecimento de um fluxo constante de investimentos públicos e privados.

A dimensão ecológica trata de prolongar a capacidade de suportar a pressão sobre os recursos, da solidariedade com as gerações futuras, da intensificação do uso dos recursos de diferentes ecossistemas na conservação de energia, na reciclagem, na promoção da agricultura regenerativa, no reflorestamento e na restrição ao consumo pelos ricos, sejam países ou grupos sociais.

A dimensão geográfica trata da distribuição dos assentamentos humanos, da metropolização e da necessidade de um novo equilíbrio rural-urbano.

Na dimensão cultural, retoma do Ecodesenvolvimento a proposta da participação e da produção de soluções endógenas, ou na linha de um renascimento e uma preservação das diferentes culturas da humanidade.

Finalmente, na linha da Ecologia do Desenvolvimento, a Comissão Mundial sobre o Meio Ambiente e Desenvolvimento, reunindo contribuições de especialistas de todo o mundo e promovendo audiências em diversos países, edita, no ano de 1988, o relatório *Nosso futuro comum*, que inclui, entre os objetivos do desenvolvimento sustentável, os seguintes:

— retomar o crescimento;
— alterar a qualidade do desenvolvimento;
— atender às necessidades essenciais de emprego, alimentação, energia, água e saneamento;

— manter um nível populacional sustentável;
— conservar e melhorar a base de recursos;
— reorientar a tecnologia e administrar o risco;
— incluir o meio ambiente e a economia no processo de tomada de decisões.

A Ecologia do Desenvolvimento é claramente patrocinada pela Organização das Nações Unidas. Constitui-se no principal foro internacional de elaboração das questões referentes ao desenvolvimento e ao meio ambiente. A realização da Conferência Internacional de Meio Ambiente e Desenvolvimento, em 1992, no Rio de Janeiro, está na linha de continuidade desse foro.

As limitações dessas propostas estão centradas sobre o fato de que não se discute meio ambiente a partir de uma análise política das relações entre os países. A questão econômica, as relações de intercâmbio, a dívida externa, o aprofundamento do fosso entre pobres e ricos são temas tratados em Nosso Futuro Comum, mas a formação de blocos de países, a derrocada do capitalismo americano e sua dívida, a reunificação da Europa, o ressurgimento de Alemanha e Japão, os novos atores asiáticos, as transformações do socialismo real, o neoliberalismo, o fundamentalismo, a ação do capital internacional, o intervencionismo, o acordo tácito de produção de acumulação e miséria, enfim, o quadro político não é discutido e a tomada de posições é sempre dispersada em entrelinhas de relatórios técnicos. Não sei se no quadro da diplomacia internacional poderia ser diferente, mas fica de fora a questão do poder.

A ação da Ecologia do Desenvolvimento abre espaços à inovação e a experiências nos diferentes países, amadurecendo, a longo prazo, uma consciência sobre a questão ambiental, recolocando, permanentemente, a questão social, promovendo o apoio a iniciativas e gerando um acervo de tecnologias.

Se há mudanças nas relações de poder, não se pode avaliar, mas nos países onde isso se dá, a Ecologia do Desenvolvimento tem muito a contribuir.

Nesta linha de Ecologia e Desenvolvimento merecem ser citadas as propostas do etnodesenvolvimento que têm um caráter ligado à preservação e sistematização de conhecimento sobre culturas e modos de vida, em especial de comunidades indígenas.

A sustentabilidade do desenvolvimento, segundo H. Acselrad, é objeto de uma disputa política e de um embate ideológico. Para H. Daly, o desenvolvimento sustentável é o desenvolvimento sem crescimento, ou seja, uma melhoria qualitativa que não implique um aumento quantitativo maior que a capacidade de suporte do ambiente, entendida como capacidade de fornecer matérias-primas renováveis e de absorver resíduos.

A Ecologia e o Comportamento

Os últimos quarenta anos têm sido marcados por uma evolução sem precedentes no comportamento humano.

O desenvolvimento das comunicações permitiu a quase todos os homens o contato com outras formas de viver. Recebemos, diariamente, via TV, informações sobre o modo de vida de latino-americanos, africanos, asiáticos, índios, europeus, norte-americanos, árabes, hindus, judeus, palestinos, chineses, russos, ou que povos sejam, seus costumes, religiões, fatalismos, fés e infidelidades, vestes, hábitos, tradições, modas, lutas, felicidades e tragédias.

Essa segunda metade do século XX é o tempo dos Beatles, de João XXIII, de Mao Tse-tung, de Ho Chi Minh, de Che Guevara, de Reagan e Gorbatchev, da socialdemocracia e do capitalismo internacional, da pílula anticoncepcional, da droga, da mudança radical do papel da mulher, da dessacralização, do *gay power*, do festival de Woodstock, do *rock and roll*, do "*black is beautiful*", dos *hippies*, do pacifismo, da não-violência, dos direitos civis e da derrocada dos micropoderes (professor-aluno, homem-mulher, pai-família, médico-paciente, padre-fiéis etc.). Mas é também o tempo da anomia, da alienação, do *apartheid*, das superpotências, do poder nuclear, da corrida espacial, da guerra fria e das guerras regionais quentes, do reino do consumo e da fome, da dominação da mídia, da programação da vida, dos computadores e da desestruturação da privacidade. Não imagino como tenha sido viver outros tempos, mas viver os tempos de hoje é um privilégio que acarreta sofrimento e sofreguidão, criação e desespero extremos. Sofrimento que provocou a busca da vida alternativa, da singularidade, da alteridade, do comunitário, do *underground*, da redescoberta da religiosidade, do retorno à natureza.

Retorno à natureza que vem se expressando por iniciativas sem conta, onde se reconhece um novo anarquismo que rejeita a empresa ou partido, o *marketing* e o consumo, que não luta para se tornar hegemônico. Vive e deixa viver, mas se ofende e se mobiliza contra o envenenamento dos alimentos, a destruição das criaturas dos deuses, as restrições à diversidade e à autonomia.

Não quero fazer aqui uma caracterização de como isso

surgiu, como evoluiu, em que pé se encontra. Cabe apenas constatar que a Ecologia, o movimento ecológico, nasce dessa contestação, dessa sensibilidade, dessa consciência, uma força que soma e se integra, se mantém e se mistura aos movimentos de defesa da natureza, ganhando uma identidade própria.

Félix Guattari, um especialista da subjetividade, recentemente (1989) propôs que:

> "(...) só uma articulação ético-política [a que chama de ecosofia] entre os três registros ecológicos (o do meio ambiente, o das relações sociais e o da subjetividade humana), é que poderia esclarecer questões como os desequilíbrios ecológicos, a progressiva deterioração dos modos de vida humanos e a infantilização regressiva da relação da subjetividade com sua exterioridade."

É em Guattari portanto que, pela primeira vez, se articulam o *ego*, o *socius* e o *oikos*. Todo esse movimento de busca e mudança que nos referimos é integrado em uma orientação geral que propõe:

> "(...) uma autêntica revolução política, social e cultural, reorientando os objetivos da produção de bens materiais e imateriais", "(...) revolução que deverá concernir não só as relações de força visíveis em grande escala mas também os domínios moleculares de sensibilidade, de inteligência e de desejo."

A novidade em Guattari é a articulação entre os três registros, já que a Ecologia Política e o Ecodesenvolvimento buscaram sempre a articulação entre o social e o ambiental. A Bioecologia quando se arriscava no campo social era apenas para a transposição do modelo da natureza. No campo do comportamento predominava o discurso da educação ambiental, vista muitas vezes como aprendizado de boas maneiras na relação com a natureza.

Esse bom-mocismo, ou pior, a proposta de transposição da harmonia da natureza para a sociedade humana já era contestada, veementemente, por Daniel Cohn-Bendit, em 1980, em debate realizado na Bélgica:

> "Não é como antiecologista, mas do interior do movimento ecológico, que digo que uma sociedade sem conflitos não me interessa, a boa sociedade de segurança não me interessa. Seria o tédio mortal, verdadeiramente algo horrível. O que eu quero é uma sociedade onde as coisas explodem de todos os lados; sem isso, a gente vai dormir."

Cornelius Castoriadis, nesse mesmo debate, ainda acena para uma proposta revolucionária:

> "Tudo o que dizemos sobre ecologia só toma sentido no contexto de um movimento que visa a transformação radical da sociedade e para a qual a questão do poder não poderia ser posta entre parênteses."

No campo do comportamento, se desenvolvem experiências e articulações internacionais para programas de educação ambiental, mas, diante dessa variedade de propostas ecológicas, como se pode definir a educação ambiental? Seria a formação desse movimento de transformação radical da sociedade de que fala Castoriadis? Seria um anarquismo responsável? Seria o bom-mocismo na relação com a natureza? Seria o participacionismo do Ecodesenvolvimento e do Desenvolvimento Sustentável? Ou estaria na continuidade e na ruptura com o movimento socialista tradicional?

Se a educação ambiental, como diz Studebaker, citado por R. Thomas Tanner, precisa dirigir "suas implicações e controvérsias para as nossas bases políticas, sociais, filosóficas, religiosas e morais", de que educação podemos falar? Da educação escolar? Comunitária? Política?

É o próprio Tanner quem formula as questões principais da Educação Ambiental:

> "Que conceitos e métodos são parte da EA? Quais não são? A EA possui fronteiras que a diferenciem de outros projetos educacionais? Se as possui, quais são elas? Ou a EA é toda e qualquer coisa? Ela é toda educação, como se tem afirmado freqüentemente? Como deve ser definida a EA? Ou, é preciso dar-se a esse trabalho?"

O fato é que existem variações muito grandes de definições e experiências. A coincidência mais comum é de que se trata de uma educação escolar, o que não fecha a possibilidade da educação não-escolar. A segunda coincidência é de que se dirige a crianças e adolescentes, esta um pouco menos comum. Quanto a programas e métodos, pode ir da estruturação de todo um currículo escolar com base ecológica até se restringir a atividades extraclasse, de contato com a natureza, mas sem nenhuma reflexão ecológica. Pode ser ainda uma disciplina ou até um movimento. A Educação Ambiental é o campo onde se divulgam, se formalizam, se sistematizam e disputam as diferentes propostas das Ecologias.

Ecologias, Divergentes e Confluentes

Essa caracterização das diferentes linhas do pensamento ecológico tem o sentido de um alerta, de um convite e de uma demonstração de riqueza.

É um alerta porque se procurou desenhar diferentes caminhos que vão facilitar o leitor a se situar. À primeira vista, Ecologia quer dizer um compromisso com a proteção da natureza e a qualidade de vida. Entrando no conjunto de preocupações ecológicas, percebemos diferentes desafios, éticos, poéticos, técnicos, políticos, sociais e mesmo ecológicos, numa acepção estrita. E nesse ponto a Ecologia se transforma em um convite à participação para a conquista de uma cidadania local e planetária, para assegurar direitos, como o de um meio ambiente equilibrado definido pela Constituição do Brasil, para a construção de relações desejadas das sociedades com a natureza. Podemos nos perguntar para onde queremos ir, escolhendo caminhos, e isso é exercício de democracia.

A demonstração de riqueza se dá pela apresentação da diversidade de linhas e pela criatividade do pensamento ecológico. Conviver com e manter essas diferenças ou identidades, procurar pontos em comum, debater, se aproximar num momento, se afastar e se reconstruir no outro, negociar e selar alianças frente a objetivos concretos, também são exercícios democráticos.

Na tarefa de identificação e construção dessas linhas de pensamento, outros autores têm se ocupado. Apresentamos a seguir um quadro de exposição feito a partir de três outros autores que também se preocuparam com esse mapeamento dos caminhos da Ecologia.

O teólogo Leonardo Boff, com base na sua origem franciscana, da Teologia da Libertação e das Comunidades Eclesiais de Base, no seu livro *Grito da Terra, grito dos homens*, identifica diferentes diagnósticos e terapias ecológicas que ele denomina de ecotecnologia, ecopolítica, ecologia humana e social, ecologia mental, ética ecológica e ecologia radical ou profunda.

A ecotecnologia é definida pelas "técnicas e procedimentos que visam preservar o meio ambiente ou minorar os efeitos não desejados do tipo de desenvolvimento que criamos". É uma caracterização próxima daquela que denominamos de Engenharia Ambiental.

A ecopolítica "visa desenvolver estratégias de desenvolvimento que garantam o equilíbrio dos ecossistemas", do sistema de trabalho e a solidariedade com as gerações futuras. Estaria na linha do que chamamos de Ecologia do Desenvolvimento.

A ecologia humana e social é definida como a ciência doméstica, do hábitat humano, capaz de situar o homem ao longo do processo biológico do qual provém, garantindo a produção e a reprodução da vida. Numa linha semelhante citamos a ecologia humana que tem origem em Chicago, voltada para uma sociobiologia urbana.

A ecologia mental é definida como uma ecologia interior, relacionando "o estado do mundo ao estado da nossa mente" que se condicionam e se transformam em valores e antivalores. Resgata da ecosofia o domínio da subjetividade, alcançando a questão ética.

A ética ecológica seria o desenvolvimento de "um sentido de limite dos desejos humanos", da solidariedade, do reconhecimento "da autonomia dos seres e do direito de continuar a existir". Uma ética que desenvolve uma mística não se degenera no legalismo e cria uma nova espiritualidade.

Nesse sentido, Boff é reconhecido dentro de um movimento ecumênico amplo que relaciona as religiões e a natureza, que tem levado a uma intensa curiosidade sobre as religiões orientais, mais integradas com a natureza, ou à revalorização das religiões africanas, onde as entidades são da própria natureza. Do esboroamento de uma tradição judaico-cristã, marcadamente institucionalista, do moralismo, do racismo, da sacralização, do maniqueísmo, da ortodoxia, do dualismo céu e terra, corpo e alma, bom e mau, herege-cristão, padre-leigo, homem-natureza, se parte para uma busca frenética de unidade, de diversidade, de encontro, de interioridade, de ética, de meditação, de redescoberta, num movimento onde tudo se redefine e inclui, até, o interesse pelo pensamento esotérico.

A ecologia radical tenta "discernir a questão fundamental: a crise atual é a crise da civilização hegemônica, do paradigma dominante", "centrado no crescimento ilimitado de bens materiais e serviços", se inserindo numa ecologia de transformação social.

Antônio Carlos S. Diegues, antropólogo, pesquisador, doutor em ciências sociais, dedicado às populações tradicionais, em seu livro *O mito moderno da natureza intocada*, identifica no conservacionismo que vem do século passado, dos Estados Unidos da América, a tendência à proteção da natureza, afastando-a do homem, criando um neomito do paraíso perdido que, transposto para os países do Terceiro Mundo, se choca com uma situação ecológica onde "vivem populações indígenas, ribeirinhas, extrativistas, de pescadores artesanais, portadores de uma outra cultura".

Partindo do interesse por esse choque entre propostas de proteção da natureza e populações tradicionais, Diegues reconstrói a trajetória de uma ideologia ecológica, situando suas origens no conservacionismo e no preservacionismo americanos.

Destacando o aparecimento de um novo ecologismo "na década de 60, em contraposição à antiga proteção da natureza", caracteriza o que ele chama de escolas atuais do pensamento ecológico, a saber: a ecologia profunda, a ecologia social e o ecossocialismo.

A ecologia profunda é aquela que procura ultrapassar o nível da ciência para alcançar o nível mais profundo da consciência ecológica, ou seja, "a vida humana e não humana tem valores intrínsecos, independentes do utilitarismo". É um enfoque "biocêntrico", "espiritualista", "uma quase adoração do mundo natural", "ainda mais estritos que os preservacionistas".

A ecologia social vê o ser humano, primeiro, como ser social e não como espécie, mas constituída por grupos diferentes; "a acumulação capitalista como força motriz da devastação do planeta". "Considera o equilíbrio e a integridade da biosfera como um fim em si mesmo" e propõe "uma sociedade democrática, descentralizada e baseada na propriedade comunal da produção".

O ecossocialismo/marxismo "tem suas origens no movimento de crítica interna do marxismo clássico no que diz respeito à concepção do mundo natural" e se caracteriza por diferentes linhas de desenvolvimento teórico compreendendo a crítica do entendimento da natureza como mercadoria, a proposta do "conceito de forças produtivas da natureza", a análise da oposição entre o culturalismo e o naturalismo e "a afirmação de uma nova relação entre o homem e a natureza" baseada em três idéias principais:

a) "o homem produz o meio que o cerca e é, ao mesmo tempo, seu produto";
b) "a natureza é sempre histórica e a história é sempre natural";
c) "a coletividade e não o indivíduo se relaciona com a natureza".

Na proposta desse novo naturalismo a natureza é sempre diversidade e a "evolução se faz sob o signo da divergência". A nova utopia é substituir "uma relação destrutiva com a natureza pela unidade homem-natureza".

As escolas de Diegues se distinguem daquelas apresentadas nesse livro, que tentou buscar em Engels intuições que foram retomadas pelo ecomarxismo de Dupuy ou André Gorz. As ecologias social e profunda representam extremos de uma diferenciada gama do pensamento ecológico atual.

José Augusto de Pádua e Antônio Lago, ecologistas, militantes de lutas e carteirinha, publicaram em 1985, na coleção Primeiros Passos, o livro *O que é Ecologia*, que se transformou numa espécie de catecismo dos ecologistas brasileiros e onde o pensamento ecológico é classificado em quatro grandes áreas: Ecologia Natural, Ecologia Social, Conservacionismo e Ecologismo.

A Ecologia Natural como "área do pensamento ecológico que se dedica a estudar o funcionamento dos sistemas naturais".

A Ecologia Social como o estudo da "relação entre o homem e o meio ambiente, especialmente a forma pela qual a ação humana costuma incidir destrutivamente sobre a natureza".

O Conservacionismo enquanto "conjunto das idéias e estratégias de ação voltadas para a luta em favor da conservação da natureza e da preservação dos recursos naturais".

E o Ecologismo enquanto "projeto político de transformação social, calcado em princípios ecológicos e no ideal de uma sociedade não opressiva e comunitária".

A abordagem de Pádua e Lago distingue dois planos, aquele mais ligado ao processo científico e outro situado no plano político, das lutas de conservação e transformação.

É impossível, e até certo ponto leviano, tentar resumir diferentes contribuições em tão poucas páginas, mas espero ter dado um panorama, aberto um leque, indicado onde mais conhecer sobre ecologias.

Diferentes Linhas do Pensamento Ecológico

LEONARDO BOFF	A. C. DIEGUES	J. A. PÁDUA	C. BREDARIOL
Ecotecnologia – técnicas e procedimentos para preservar o meio ambiente	Preservacionismo – apreciação ética e espiritual da vida selvagem (Pinchod) Conservacionismo – uso racional e criterioso dos recursos naturais (Muir, J.)	Ecologia Natural – estuda os sistemas naturais (Haeckel, E.)	Ecologia como Ciência – Biologia e Geografia (Haeckel-Margalef) Engenharia Ambiental – tecnologias de controle
Ecopolítica – estratégias do desenvolvimento sustentável	Ecossocialismo Marxista – forças produtivas da natureza – o homem é natureza e ela seu mundo (Moscovici, S.)	Conservacionismo – luta pela proteção da natureza Ecologismo – projeto político de transformação social	Ecologia Política – mercado de tecnologias ambientais ou projeto político transformador (Dupuy, J.P.)
Ecologia Humana e Social – relações sociedade e natureza	Ecologia Social/ Ecologia Cultural – ser social e não espécie diferenciada – equilíbrio da biosfera como fim em si (Bookchin, M.) – processos adaptativos	Ecologia Social – estudo das relações do homem com o meio ambiente (Carson, R.)	Ecologia do Desenvolvimento – Ecodesenvolvimento, Desenvolvimento Sustentável, Etnodesenvolvimento (Sachs, I.)

Ecologia Mental – a natureza dentro de nós	Ecologismo – tecnologia produz crise (Commoner, B.) – volta a uma vida sadia – comunidade (Fournier, P.)		Ecosofia – três registros – sociedade/ natureza e subjetividade (Guattari, F.)
Ética Ecológica – a responsabilidade pelo planeta	Ecologia Profunda – os direitos intrínsecos do mundo natural (Warwick, F.) – a vida tem valor intrínseco (Naess, A.)		
Ecologia Radical ou Profunda – crise de hegemonia, de paradigma do crescimento ilimitado			

Fontes:
Boff, L. *Ecologia, grito da Terra, grito dos pobres.* S. Paulo, Ed. Ática, 1995.
Diegues, A.C.S. *O mito moderno da natureza intocada.* NUPAUB-USP, São Paulo, 1994.
Pádua, J. A. e Lago, A. *O que é Ecologia.* São Paulo, Abril Cultural/Brasiliense, 1985.
Bredariol, C. S. *Ecologia, Ecodesenvolvimento e Educação Ambiental*. Rio de Janeiro, FGV/IESAE, 1990.

Capítulo III

POLÍTICA AMBIENTAL: HISTÓRICO E CRISE

A primeira idéia que se tem de uma política pública é a de um conjunto de ações de organismos estatais com o objetivo de equacionar ou resolver problemas da coletividade.

Quando analisamos qualquer política pública, percebemos que, além do Estado, atores sociais e políticos participam da sua formulação ou da sua execução.

Se fôssemos analisar uma política de segurança pública, por exemplo, as primeiras instituições que aparecem são as polícias, as secretarias de segurança e justiça, juizados, promotorias, defensorias, além do sistema penitenciário. E, se olharmos de modo mais amplo, estão os poderes executivo, legislativo, judiciário, ou seja, as instituições de Estado. Mas quem seriam os atores dessa política? Seriam todos os cidadãos, grupos sociais, forças de mercado, organizados ou não, que demandam por segurança, e os atores que produzem insegurança.

De algum modo, todos procuram participar dessa política. Um arquiteto que projeta um condomínio fechado, a empreiteira que o constrói, a imobiliária que vende, o condômino que adquire um apartamento estão todos fazendo segurança. Um passageiro de ônibus que se agarra à sua própria bolsa tem a ilusão de estar criando segurança. As empresas de vigilância privada ou mesmo o vigia de um almoxarifado estão participando da segurança. Um grupo marginal que assume o controle de uma área de favela está construindo sua segurança e se contrapondo a uma política geral do governo e da sociedade.

Mas fazer segurança é muito diferente de participar da definição ou da execução de uma política pública de segurança. Segundo Haroldo Abreu, políticas públicas são "mediações político-institucionais das inter-relações entre os diversos atores presentes no processo histórico-social em suas múltiplas dimensões (economia, política, cultura etc.) e são implementadas por atores políticos através de instituições públicas".

Política pública é diferente de política de governo porque essa se refere a um mandato eletivo e aquela pode atravessar diferentes mandatos. É durante a campanha eleitoral que se tem uma primeira definição de prioridades das políticas de governo, ou seja, o eleitor escolhe candidatos de acordo com suas posições quanto às áreas de política pública que deverão ser prioritárias e dentro dessas, quais aspectos deverão ser objeto de maior atenção, recursos, investimentos ou mudanças.

Essa seria a maneira formal de definir linhas de políticas, mas os foros de negociação são vários e incluem o poder legislativo na elaboração de leis e orçamentos, conselhos de representação direta da sociedade e do mercado, nomeações para cargos públicos, a opinião pública veiculada pelos meios de comunicação e outras formas indiretas de influenciar sobre o poder público.

Uma pauta de política pública é o conjunto de temas dessa política que compõem as preocupações atuais dos atores mais influentes num determinado período. Ela representa resultados de negociações, dentro de uma correlação de forças entre atores, com o predomínio do atendimento dos interesses de grupos hegemônicos nas relações de poder de uma sociedade.

Uma questão se torna objeto de políticas públicas, não em função da gravidade que assuma para um ator social, mas em função dos interesses que envolve, da consciência, da organização dos discursos, dos argumentos e das pressões que são construídos para inseri-la na pauta política.

A Evolução da Política Ambiental no Brasil

Há autores que reconhecem a existência de políticas ambientais desde o século XVII, mas é nos últimos quarenta anos que a questão ecológica produziu políticas públicas com uma evolução muito referenciada a pressões externas. É necessário caracterizar as grandes linhas dessa evolução para entender o que se passa hoje em matéria de política ambiental.

Do pós-guerra até a Conferência de Estocolmo, em 1972, não havia propriamente uma política ambiental, mas políticas que resultaram nela. Os temas dominantes eram o fomento à exploração dos recursos naturais, o desbravamento do território, o saneamento rural, a educação sanitária e os embates entre os interesses econômicos externos, os conservacionistas que defendiam a proteção da natureza através da exploração controlada como a Fundação Brasileira de Conservação da Natureza (FBCN), e os nacionalistas que defendiam a exploração pelos brasileiros como a Campanha Nacional de Defesa e Desenvolvimento da Amazônia (CNDDA). A legislação que dava base a essa política é da década de 30 e era formada pelos códigos de águas, florestal, de caça, pesca e mineração.

Não havia, entretanto, uma ação coordenada de governo ou uma entidade gestora. O Serviço Especial de Saúde Pública, criado para viabilizar a exploração da borracha durante a guerra, cuidava do saneamento. O Ministério da Agricultura cuidava dos parques e da conservação dos solos, o Departamento Nacional de Endemias Rurais (DENERU), como o nome já diz, tratava das endemias rurais, o Departamento Nacional de Águas e Energia (DNAE) era responsável pelo aproveitamento energético das águas, o Departamento Nacional de Obras de Saneamento (DNOS) zelava pela drenagem e recuperação de terras, o Departamento Nacional de Obras Contra as Secas (DNOCS) atentava para as secas, e por aí se multiplicavam órgãos federais, contando com o apoio de secretarias estaduais, instituto de engenharia sanitária, centro de tecnologia de saneamento, administração de recursos hídricos, departamentos de parques etc.

A presença externa se dava pelos programas de ajuda — Ponto IV, USAID (Agência dos Estados Unidos de ajuda ao desenvolvimento), Aliança para o Progresso, PNUD (Programa das Nações Unidas para o Desenvolvimento).

O desenvolvimento do país se construía a partir de investimentos públicos em petróleo, energia, siderurgia e infra-estrutura, viabilizando a industrialização por substituição de importações.

Na década de 60, se redefine o modelo de desenvolvimento do país e, ao final, começam a aparecer demandas ambientais, como nuvens de espuma no Rio Tietê, fortes reclamações de uma indústria de papel em Porto Alegre junto ao Rio Guaíba, incômodos generalizados causados por uma indústria de cimento em Betim (vizinha a Belo Horizonte) e outras. Neste momento, o Brasil participa da Conferência de Estocolmo.

É interessante, e até curioso, rever as conclusões da Primeira Conferência Mundial do Meio Ambiente, para entender o que se passa depois no país, relacionado ao assunto.

O documento final de Estocolmo (*in* "Museum", vol. XXV, nº 1/2 — UNESCO, Agência das Nações Unidas para a Educação — 1973) contém princípios que representaram compromissos entre as nações. Retirando-se dessa declaração os itens gerais sobre liberdade, igualdade, soberania e condições de vida; retirando-se, ainda, aqueles que foram incluídos para amenizar as lamentações dos pobres, sobressaem as preocupações com a proteção dos recursos (especialmente de amostras representativas dos ecossistemas naturais), a exaustão dos recursos, "a justa luta dos povos de todos os países contra a poluição" e a aplicação de políticas demográficas onde "a taxa de crescimento ou a concentração da população tenham efeitos adversos sobre o ambiente ou o desenvolvimento". Recomendava, ainda, a assistência técnica e financeira, e atribuía a "instituições nacionais apropriadas as tarefas de planejamento, gerenciamento e controle dos recursos ambientais". O Ecodesenvolvimento foi proposto depois da Conferência, para regiões rurais dos países pobres.

É importante notar que os problemas de poluição estavam causando impasses no relacionamento entre os países do Norte, mas para controlá-los era necessário um acordo entre eles, com a participação dos países do Sul, a fim de evitar uma transferência indiscriminada das indústrias do Norte para o Sul. Como vimos, crescimento econômico, explosão demográfica, poluição e esgotamento dos recursos naturais eram as variáveis principais dos modelos do Clube de Roma, documento fundamental nas negociações.

No ano seguinte é criada a SEMA — Secretaria Especial de Meio Ambiente (a instituição nacional apropriada) — e, mais do que isso, em plena ditadura abre-se um espaço político para um pujante e pulverizado movimento ecológico, reunido em torno de questões locais, mas presente nas principais regiões do país. Funda-se a política ambiental, consagrada depois na Lei nº 6.938/81.

Pressões externas, explosão de movimentos internos antes reprimidos, experiência em assuntos correlatos e assistência técnica produzem essa nova política, centrada no controle da poluição e na proteção dos recursos (água, ar, solo, fauna e flora), especialmente das "amostras representativas de ecossistemas naturais", coordenada por entidade nacional e com a ação descentralizada nos estados de maior industrialização. O crescimento populacional e o saneamento foram objeto de políticas próprias, não articuladas diretamente à questão do ambiente. O Ecodesenvolvimento, estimulado pela crise do petróleo, dá origem a centenas de experiências alternativas, especialmente na área de energia.

No entanto, essa política se cria dissociada ou acomodada dentro do projeto Brasil Potência dos Militares. O desenvolvimento se dá pelo endividamento e através de grandes projetos — Integração Nacional, RADAM (responsável pelo levantamento de recursos naturais por radar, desenvolvido nas décadas de 60 e 70), Grande Carajás, Cerrados, Corredores de Exportação, Expansão da Fronteira Agrícola etc.

Destroem-se os principais ecossistemas brasileiros, mantendo-se algumas amostras representativas dos Campos do Sul, Araucárias, Mata Atlântica, Mangues, Restingas e Cerrados. A fronteira agrícola atinge a Amazônia e o Pantanal. Dessa política de amostras há um saldo de 20 (vinte) milhões de hectares, contidos em 123 Unidades de Conservação administradas pelo Governo Federal, que representariam 5% dos 400 (quatrocentos) milhões de hectares em mãos de proprietários privados. Infelizmente, essas Unidades de Conservação têm problemas de regularização fundiária (Ministério do Meio Ambiente — *Relatório de avaliação do Programa Nacional do Meio Ambiente* — 1993, não publicado).

O desenvolvimento dos métodos de diagnóstico (sensoreamento remoto), das comunicações, da informática, do movimento ecológico e da consciência pública, o crescimento de um mercado de métodos e tecnologias ambientais contribuem para a mudança de pauta da política ambiental e para o crescimento da consciência do inter-relacionamento entre os problemas de proteção dos recursos a nível internacional.

Atendendo a pressões sobre queimadas na Amazônia, no governo Sarney, o Brasil redefine sua política ambiental, reestruturando o setor público encarregado dessa política e criando o IBAMA (Instituto Brasileiro do Meio Ambiente e dos Recursos Naturais Renováveis), dentro do Programa Nossa Natureza. Acirra-se a contradição entre uma economia predadora e poderosas pressões de movimentos e interesses nacionais e internacionais. Assim como a economia, o meio ambiente também se globaliza. Redefinem-se os temas da política ambiental. Evidencia-se a necessidade de um novo pacto entre as nações.

Durante a preparação da CNUMAD (Conferência das Nações Unidas para o Meio Ambiente e o Desenvolvimento), o meio ambiente é coordenado no plano da política externa. A Comissão Interministerial do Meio Ambiente (CIMA) coordena representantes de 23 órgãos públicos para a elaboração das posições do Brasil.

Fazendo um exercício de síntese e seleção dos capítulos da Agenda 21, documento-síntese dos resultados da CNUMAD-92, fica bastante claro que Desenvolvimento Sustentável, Biodiversidade, Mudanças Climáticas, Águas (doces e oceanos) e Resíduos constituem o centro da nova temática ambiental (Agenda XXI, PNMA, 1993).

A simples comparação com a proteção dos recursos e o controle da poluição, propostos em Estocolmo, permitiria avaliar o crescimento, a dimensão e a importância que assume a questão ambiental nas relações entre os países e o quanto se caminhou nesses vinte anos.

Do conjunto de práticas desencadeadas pela primeira Conferência do Meio Ambiente, resulta uma progressão geométrica da consciência ecológica e um vasto mercado de tecnologias, equipamentos e créditos para a despoluição, mas hoje os interesses são outros.

Desenvolvimento sustentável, embora sujeito a definições de ocasião, aponta em dois sentidos principais. Para os ricos, sustentabilidade exige transformações no estilo de vida, melhoria da eficiência energética, moderação do consumo e a reciclagem ou o reaproveitamento dos materiais. Para os pobres, onde existam recursos naturais, se trata de programar a exploração não predatória que minimize impactos adversos, priorize a renovabilidade, gere empregos e renda. Em ambos os casos, tratam-se meio ambiente e desenvolvimento como indissociáveis.

A Biodiversidade se tornou um recurso estratégico para o desenvolvimento das nações e, só nos Estados Unidos, movimenta recursos da ordem de 50 bilhões de dólares anuais (D. Marti, *in E. S. Times South Wants a Price for Biodiversity.* Rio de Janeiro, 1992). Relacionada a ela, estão os temas da Biotecnologia, do Controle do Desmatamento, do Patenteamento, da Proteção das Culturas Locais ou Primitivas e da Agricultura Sustentável. Preservar, estudar e conhecer as espécies para, eventualmente, utilizá-la (aquela antiga conversa dos conservacionistas), de repente, virou um grande ramo de negócios. Não se trata mais de preservar "amostras representativas" mas, se possível, ecossistemas inteiros para possibilitar descobertas na agricultura, na medicina, na indústria farmacêutica e outros ramos de atividades. O melhoramento genético, que por vezes se fazia ao longo dos séculos, agora é uma questão de descobrir o gen responsável e de transferi-lo para onde seja desejável.

As mudanças climáticas se centram no efeito estufa e na destruição da camada de ozônio. Aquelas práticas de controle da poluição que tinham em vista o ar que respiramos são superpostas por interesses do conjunto do planeta. De repente também, controlar emissões de CO_2 se tornou mais importante que controlar CO. Parece um jogo hermético de uma pequena molécula de oxigênio, mas que tem implicações políticas insondáveis. Partículas, CO, Nox (óxido de nitrogênio), SO_2, HC, são problemas da saúde e da cidadania de cada um; CO_2 / CFC são problemas da humanidade.

Cooperação internacional, apoio financeiro, transferência de tecnologia deverão prevalecer para aqueles que reduzam contribuições para o efeito estufa (CO_2). E sobre a qualidade do ar que respiramos? Já há um mercado pujante de estações automáticas para avaliação de qualidade, catalisadoras, filtros de mangas, lavadores de gases para controle dos parâmetros. Felizmente, CO e CO_2 não são totalmente dissociados, e a redução de CO_2 acabará resultando na melhoria do ar.

O capítulo das Águas também é muito diferente. Trata-se de controlar a poluição, os acidentes ou a produtividade dos mares e oceanos. A água doce se torna escassa ou contaminada a ponto de se tornar inaproveitável. A pauta não está centrada no vibrião, metais pesados ou substâncias tóxicas que possam estar presentes no copo de água que bebo, mas na escassez que já produz conflitos entre grupos étnicos e nações, estimula a migração e pode ser prenúncio de novas guerras. A gestão compartilhada de grandes bacias hidrográficas visa à criação de foros para resolver ou prevenir conflitos sobre o aproveitamento das águas. O tema da desertificação também está relacionado a águas.

Resíduos, que eram uma questão de serviços públicos municipais, saem da lata do lixo doméstico, do aterro sanitário ou da usina de tratamento para se tornar uma questão de como coibir o tráfico internacional de resíduos tóxicos, normatizar o comércio de resíduos entre nações, definir medidas para a redução ou a destinação adequada de resíduos nucleares, dando seqüência a um processo que passou pela Conferência da Basiléia, o Protocolo de Montreal e pela mobilização ativa de ONGs internacionais.

Os principais temas dessas três etapas da política ambiental estão sintetizados no quadro abaixo.

Evolução da Política Ambiental

Até 1972	Estocolmo	CNUMAD-92
Saneamento	Poluição da Água	Proteção dos Oceanos/ Águas Doces
Incômodos	Poluição do Ar	Mudanças Climáticas
Resíduos Domésticos	Resíduos Industriais	Resíduos Tóxicos e Nucleares
Espécies em Extinção	Amostras dos Ecossistemas	Biodiversidade e Florestas
Crescimento	Ecodesenvolvimento	Desenvolvimento Sustentável
Exploração dos Recursos Naturais	Extinção dos Recursos	Redução de Consumo/ Estilos de Vida
Movimentos da Sociedade: Conservacionismo/ Nacionalismo	Conservacionismo/ Ecologismo	Internacional Ecológica (Tratados, ONGs, Redes)
Educação Sanitária	Educação Ambiental	Cidadania Planetária
Base Legal: Códigos de Águas, Caça, Pesca, Florestal, Mineração	Lei da Política Nacional do Meio Ambiente	Constituições/ Convenções

Controle Ambiental

O saldo da gestão ambiental do modelo de Estocolmo é representado, principalmente, por normas, métodos e recursos humanos capacitados.

No plano das normas há desde legislação constitucional (nacional e estaduais) até capítulos de leis orgânicas e planos diretores. Há, ainda, legislação específica, como a Lei da Política Nacional de Meio Ambiente, até resoluções do CONAMA (Conselho Nacional do Meio Ambiente), leis estaduais e deliberação de conselhos e comissões estaduais de controle. Há, ainda, um arcabouço institucional que inseriu nas rotinas de empreendedores o licenciamento e a fiscalização de atividades poluidoras ou o controle ambiental.

No plano dos métodos, existem metodologias para monitoramento e diagnóstico da qualidade do meio ambiente, avaliação de impacto, prevenção de riscos e poluição acidental, tratamento de efluentes e resíduos, redução de emissões e despoluição.

No plano de recursos humanos, há pessoal especializado em planejamento ambiental, análise de projetos e estudos de impacto, legislação, fiscalização, licenciamento, despoluição, comunicação, pesquisa e educação ambientais.

O modelo de política ambiental com base na Conferência de Estocolmo era coordenado por uma entidade nacional enxuta e executado de forma descentralizada pelos órgãos estaduais de meio ambiente, nos estados de maior desenvolvimento.

Esse caráter descentralizado da ação da política ambiental permitiu o florescimento de experiências adaptadas às realidades dos estados. O Rio Grande do Sul se voltou, prioritariamente, para a questão dos agrotóxicos, Minas Gerais para a siderurgia, mineração e o carvão vegetal, São Paulo para a poluição industrial e o meio urbano, Rio de Janeiro para a proteção dos corpos hídricos (Paraíba do Sul e Baía de Guanabara), Paraná para o meio urbano e agrotóxicos, Santa Catarina para o carvão mineral, Bahia para as indústrias do Pólo Petroquímico, até a criação de OEMAs (Órgãos Estaduais de Meio Ambiente) em quase todos os estados.

A SEMA se dedicava a fazer avançar a legislação e aos assuntos que demandavam negociação a nível nacional, como a produção de detergentes biodegradáveis, a poluição por veículos e a criação de Unidades de Conservação.

Mas a pauta política mudou, e este sistema entrou em crise.

Meio Ambiente é matéria de relações exteriores e se reflete internamente no país, através de articulações para a aprovação de convenções internacionais e de leis, como a lei de patentes no Congresso Nacional, pela contratação de créditos para a proteção à biodiversidade (PNMA — Programa Nacional do Meio Ambiente) e pela própria reestruturação do aparelho de Estado (Projeto Nossa Natureza, criação do IBAMA, MMA — Ministério do Meio Ambiente — etc.). Atinge também o setor produtivo, através das ISO-9.000, ISO-14.000 e outros dispositivos de comércio internacional.

O controle da poluição industrial, ponto central de Estocolmo e da gestão do ambiente urbano, sai da pauta da política internacional e se torna uma questão do mercado de créditos e tecnologias. Novos instrumentos, no nível de mercado, são oferecidos: auditoria, certificação de processos e produtos, análise e mapeamento de risco, centrais de tratamento de resíduos, redes de estações automáticas, sistemas de informações geográficas, selo verde, modelos hidrodinâmicos, biodetectores etc.

Efeito estufa, destruição da camada de ozônio, proteção da biodiversidade, oceanos e águas doces, resíduos tóxicos ou nucleares são problemas do planeta, da humanidade. Água que bebemos, ar que respiramos, contaminação dos alimentos que ingerimos, lixo e resíduos que produzimos, áreas verdes e de recreação e lazer, ou o silêncio de que desfrutamos são problemas do mercado e da cidadania.

Os novos atores e sujeitos são constituídos pelas empresas de consultoria e prestação de serviços e produção de equipamentos, pelas ONGs e pelos movimentos sociais que passam a se articular no sentido da explicitação dessas novas demandas (quadro comparativo a seguir). O aparelho de Estado não se atualiza e, dentro da sua crise geral, não consegue responder ao mercado e à sociedade, ou ensaia respostas através da municipalização, de parcerias, de terceirização e da contratação de créditos para programas de despoluição junto às agências multilaterais.

A mudança da pauta de política ambiental no plano internacional vem pressionando mudanças no aparelho estatal brasileiro. O Projeto Nossa Natureza, as campanhas de combate às queimadas, a polêmica sobre áreas desmatadas, a criação do IBAMA são os primeiros sinais concretos de mudança. A negociação de créditos para o PNMA, o Programa da Amazônia, o Zoneamento Econômico-Ecológico e o Projeto SIVAM também representaram mudanças.

Principais Atores da Política Ambiental

MERCADO	ESTADO	SOCIEDADE
Internacionais	Federal	Políticos
– Bancos e Fundos (BID, BIRD, GEF) – Agências de Cooperação (JICA, GTZ)	– Min. Meio Ambiente (IBAMA, ONAMA, SISNAMA)	– Movimentos Sociais Ecológico, Moradores, Trabalhadores
– Programas da ONU (PNUMA, PNUD)	– Min. Ciência e Tecnologia, Min. Relações Exteriores (ABC, SAE – Zoneamento ecológico)	– ONGs – Partidos
Empresas	Estadual	Corporativos
– Multinacionais, Nacionais, Locais – Órgãos de Classe: FIRJAN, ABIQUIM, FETRANSPORT, FLUPEME – Consultoras • Estatais (Energia, Petróleo, Aço, Mineração) • Concessionárias de Serviços Públicos • Propaganda / *Marketing*	– Poder Executivo: • Sistema Estadual do Meio Ambiente • Secretarias de Gestão • Secretarias de Desenvolvimento – Poder Legislativo: • Comissão de Meio Ambiente da Assembléia Legislativa. • Poder Judiciário • Procuradoria • Secretarias Sociais	– Associações Funcionais (ASFEEMA, ASSE) – Sindicatos (Urbanitários, Engenheiros, Químicos, Biólogos) – Conselhos (CREA, OAB, ABI) – Entidades (ABES, ABEMA)
	Municipal	Técnicos
	– Prefeituras • Secretarias de Meio Ambiente	– Universidades • Centros de Pesquisa e Pós-Graduação
		Comunicação
		– Mídia

O período imediatamente anterior à realização da CNUMAD (Conferência das Nações Unidas para o Meio Ambiente e o Desenvolvimento) foi farto de medidas literalmente bombásticas, para atender à opinião pública internacional (bombardeio dos campos de pouso dos garimpos, fechamento do poço da Serra do Cachimbo etc.).

A preparação da participação na CNUMAD, a elaboração do relatório nacional, a definição de posições brasileiras através de uma Comissão Interministerial (CIMA) coordenada pelo Itamarati também são sinais de que meio ambiente é matéria importante de uma política de relações exteriores. A aprovação, pelo Congresso Nacional, das convenções de Clima e Biodiversidade, além da lei de patentes, revelam o envolvimento do Poder Legislativo nessa política. Novos atores se constituem.

A Crise da Política Ambiental

SEMA, CONAMA, SISNAMA (Sistema Nacional de Meio Ambiente) não dariam conta desse desafio político. A criação do IBAMA, a partir de órgãos de fomento à exploração de recursos naturais, ainda não consolidou um modelo institucional adaptado a esses novos desafios. As antigas atribuições e a cultura do fomento permanecem nos atuais órgãos do setor.

Movimentos ecológicos, universidades, oligarquias, pressões externas, empresas e burocracia não conseguem negociar uma política comum, ficam apenas se substituindo nos postos de poder, em movimentos de alta rotatividade. Cada um puxando para uma direção diferente, não se chega a lugar algum. A crise é política, há equilíbrio de forças, não há hegemonia ou concertação, não há planejamento ou política que se implante.

O modelo de gestão através dos órgãos estaduais de meio ambiente também entrou em crise. Por um lado, a população está mais consciente dos problemas da política ambiental e solicita, denuncia, reclama como nunca. Não apenas uma solicitação organizada, mas também a cobrança individual. Por outro lado, as grandes empresas industriais, principal objeto do controle ambiental do modelo de Estocolmo, desenvolveram políticas próprias por exigências do mercado internacional, por exigências de matrizes ou das necessidades de imagem.

Mesmo as grandes estatais negociam planos de controle, estruturam departamentos de meio ambiente, atendem às necessidades de certificação, avaliação de impacto, auditoria etc.

Os programas de despoluição, contratados pelo setor de saneamento, reservam aos OEMAs (Órgãos Estaduais de Meio Ambiente) diminuto papel nos projetos complementares. Monitoramento e diagnósticos, planejamento, controle e normatização se interrompem.

Prefeituras de grandes e médias cidades procuram atender à população que denuncia, mas é impossível dar conta das demandas locais e da crise dos órgãos do SISNAMA.

Experiências de descentralização, municipalização, desburocratização, parcerias, terceirização, privatização, propostas em moda não avançam se não houver uma redefinição dos espaços institucionais.

Uma primeira tentativa de redefinição aponta no sentido de reservar ao Governo Federal os temas da nova pauta de política internacional. A proteção e o aproveitamento da biodiversidade, transformada hoje em recurso estratégico para o desenvolvimento das nações. Acompanhamento e controle das políticas setoriais, que mais diretamente interferem com a convenção de mudanças climáticas, especialmente as políticas energética e de transportes, a gestão de recursos hídricos e a gestão da política de resíduos. Gestão das bacias hidrográficas que atravessam mais de um estado e daquelas que exigem a concertação com outros países. Gestão dos resíduos tóxicos e nucleares de modo a assegurar proteção à população.

Aos estados deve caber, ressalvadas as diversidades regionais, a administração de assuntos que interessem a mais de um município, o controle de grandes empreendimentos, o licenciamento e a fiscalização dos programas de despoluição, a ação supletiva ou a assessoria aos sistemas municipais, a consolidação de informações ambientais do conjunto do estado, a gestão dos recursos naturais e da sustentabilidade das políticas de desenvolvimento.

Aos municípios deve competir o controle de pequenas atividades que no seu conjunto representam contribuição significativa para a deterioração do meio ambiente. Tráfego de veículos, postos de combustíveis, padarias, lavanderias, torrefações, fundições, galvanoplastias são exemplos dessas atividades. Licenciar empreendimentos, parcelamento de solo e edificações sob a ótica do desenvolvimento sustentável, gerir áreas de proteção e unidades municipais de conservação. Educar e abrir os espaços de conquista da cidadania.

Não apenas uma definição geral de política ambiental e a distribuição de atribuições entre níveis de governo são necessárias, mas a democratização do próprio Estado e dos processos de gestão das diferentes políticas públicas.

O autoritarismo é um traço cultural e estrutural da sociedade brasileira. Não por acaso, essa foi ou é a terra do coronelismo, do chefe de repartição, do inspetor de quarteirão, do dono do pedaço, do cabeça de casal, das chacinas, das torturas ou da discriminação social.

Estado autoritário é diferente de governo autoritário. Nos últimos sessenta anos de história brasileira, nós tivemos quarenta anos de ditaduras, militar e do Estado Novo, cujo caráter autoritário foi exaustivamente denunciado e é conhecido por todos.

No entanto, o caráter autoritário do Estado fica velado, escondido, subsumido, aparece na ação dos órgãos públicos, na definição e gestão de políticas, na morosidade da Justiça, na representação parlamentar desproporcional ao número de eleitores, na votação dos orçamentos, na burocracia, no suborno, no jeitinho, no quebra-galho, no excesso de leis e nas leis que não pegam.

O Estado foi o principal gestor da política de desenvolvimento brasileiro desde o Estado Novo, como planejador, empresário, investidor na produção de insumos industriais e infra-estrutura, tomador de recursos externos, financiador da iniciativa privada, prestador de serviços (educação, saúde, segurança etc.) e regulador da economia e das relações sociais.

Esse Estado entrou em crise e se debate entre propostas de reforma e pressões para a democratização.

No campo ambiental, conquistas democráticas moderaram esse caráter autoritário do Estado na gestão da política, através da criação de órgãos colegiados com alguma representação da sociedade (CONAMA, CONEMAs e CONDEMAs), da realização de audiências públicas para o licenciamento de empreendimentos, onde era exigido o Estudo de Impacto Ambiental, e do apoio financeiro a iniciativas da sociedade através do Fundo Nacional do Meio Ambiente, de Fundos Estaduais, do Programa de Execução Descentralizada e de parcerias em projetos. A dificuldade de aprovação de leis foi contornada pelas resoluções dos órgãos colegiados. As dificuldades com a Justiça eram resolvidas através do Poder de Polícia Administrativa e do recurso aos colegiados. O conceito de direitos difusos e sua defesa através do Ministério Público e da Ação Civil Pública também abriram campo para assegurar direitos da cidadania.

Mas a crise de Estado nos deixa sem condições de saber a qualidade do ar que respiramos, da água que bebemos, da balneabilidade das praias ou do próprio exercício do controle ambiental. O autoritarismo se concentra nas decisões de investimentos dos programas de despoluição, apesar das exigências de participação colocadas pelas agências financeiras internacionais que vendem os créditos para a execução desses programas.

Os caminhos para a democratização da política ambiental se situam na participação nessa reforma de Estado, assegurando as conquistas democráticas, fortalecendo as organizações da sociedade, tornando paritária a representação nos órgãos colegiados, diversificando a gestão ambiental, incluindo a criação de instrumentos econômicos de controle ambiental, assegurando a aplicação do princípio poluidor pagador e a gestão participativa para o desenvolvimento sustentável, multiplicando os foros de negociação entre atores sociais atingidos diretamente por decisões de investimentos públicos ou privados.

A gestão ambiental deve se voltar para o território, a bacia hidrográfica, o espaço de convivência, o lugar onde as pessoas moram, promovendo o conhecimento dessas áreas, suas riquezas e carências, suas demandas de equilíbrio, promovendo o encontro e a negociação entre diferentes atores sociais, perguntando ao cidadão: O que é que o senhor deseja? Que desenvolvimento e meio ambiente prefere, para trabalhar e viver, para seus filhos e netos? Que água? Que ar? Que áreas verdes? Que silêncio? Que lazer? Que prazer?

É necessário construir uma cidadania local e planetária, construir pontes entre a melhoria da qualidade de vida no nosso ambiente do dia-a-dia e o enfrentamento das ameaças globais, influir nas decisões da Prefeitura ou naquelas dos foros internacionais de negociação. Construir Agendas 21 Locais e participar na execução da Agenda 21 Global.

Política

Relações sociais de poder.

Conquista/manutenção/exercício do poder.

Mediação entre interesses/oposições e composições/correlação de forças.

Políticas Públicas

Mediações político-institucionais das inter-relações entre os diversos atores presentes no processo histórico-social em suas múltiplas dimensões (economia, política, cultura etc.).

São implementadas por atores políticos através de instituições públicas, em geral agências estatais. Podem ser de iniciativa de governantes ou governados, conjunturais ou estruturais, universais ou segmentares (Haroldo Abreu, em *Proposta* nº 59, Rio de Janeiro, Fase, 1993).

Gestão de Políticas Públicas

Política pública é diferente de política governamental. Sua gestão envolve:

Pactos entre atores sociais relevantes	Atores
Espaços institucionais	Instituições
Suporte técnico-operacional	Técnicos
Captação de recursos financeiros	Recursos
Acompanhamento e controle pela sociedade Controle	

(Jean-Pierre Leroy — idem)

Política Ambiental

Exercício do direito ao meio ambiente ecologicamente equilibrado, bem de uso comum do povo e essencial à sadia qualidade de vida.

Leis do Meio Ambiente

— Constituição Federal, 05/10/1988

Competências:

Art. 21 — Da União — IX — ordenamento do território; XIX Sistema Nacional de Gerenciamento de Recursos Hídricos.

Art. 23 — Comum da União, dos Estados e dos Municípios — proteger o meio ambiente, combater a poluição em qualquer das suas formas; preservar florestas, fauna e flora; registrar, acompanhar e fiscalizar as concessões de direito de pesquisa e exploração de recursos hídricos e minerais em seus territórios.

Art. 24 — Atribuição concorrente de legislar.

Art. 135 — Funções do Ministério Público — promover inquérito civil e ação civil pública.
Capítulo VI — Do Meio Ambiente — Art. 225

— Legislação de Política Ambiental

Lei 6.938, de 1981 — Da Política Nacional do Meio Ambiente

Princípios, Definições, Objetivos da Política, Órgãos e Instrumentos.
Padrões de qualidade ambiental
Zoneamento ambiental
Avaliação de Impacto Ambiental
Licenciamento
Sistema Nacional de Informações Ambientais
Cadastro Técnico
Penalidades Disciplinares e Compensatórias
Relatório de Qualidade do Meio Ambiente

Lei 7.347, de 24/07/1985 — Disciplina a Ação Civil Pública

Lei 7.797, de 10/07/1989 — Cria o Fundo Nacional do Meio Ambiente

Lei 7.804, de 18/07/1989 — Altera a Lei 6.938/81 — Define composição do Conselho Superior do Meio Ambiente e, Art. 15, sujeita o poluidor a pena de reclusão de 1 a 3 anos e multa de 100 a 1.000 MVR.

Capítulo IV

A ESFERA PÚBLICA NÃO-ESTATAL

A partir da década de 70, a noção de sociedade civil mudou consideravelmente. Houve uma verdadeira ruptura conceitual que, como vimos, se vincula aos movimentos sociais e políticos democratizantes da Europa do Leste, da Ásia e da América Latina. Expressões como autonomia, autogestão, independência, participação, *empowerment*, direitos humanos, cidadania passaram a ser associadas ao conceito de sociedade civil.

Não se trata mais de um sinônimo de sociedade, mas de uma maneira de pensá-la, de uma perspectiva ligada à noção de igualdade de direitos, autonomia, participação, enfim, os direitos civis, políticos e sociais da cidadania. Em virtude disso, a sociedade civil tem que ser "organizada". Segundo o antropólogo Rubem César Fernandes, o que era um estado natural nos filósofos contratualistas, ou uma condição da política moderna em Hegel e Marx, torna-se agora um objetivo para os ativistas sociais do Segundo e Terceiro Mundos: a sociedade civil tem que ser construída, reforçada, consolidada. Trata-se de meio e fim da democracia política.

Resgatada dos livros de História pelos ativistas sociais das últimas décadas, a noção de sociedade civil se transforma e passa a ser compreendida em oposição não apenas ao Estado, mas também ao mercado. Trata-se agora de uma terceira dimensão da vida pública, diferente do governo e do mercado. Em vez de sugerir a idéia de uma arena para a competição econômica e a luta pelo poder político, passa a significar exatamente o oposto: um campo onde prevalecem os valores da solidariedade.

Esta perspectiva se aproxima da noção anglo-saxônia de "terceiro setor", ou, ainda, de movimento social ou organização não-governamental que, para efeito deste trabalho, serão utilizados indistintamente, à luz da concepção atual de sociedade civil que esboçamos acima.

É dentro desta perspectiva que trabalham alguns pensadores contemporâneos que forneceram importantes subsídios teóricos para a atuação das chamadas organizações não-governamentais. Não existe mais a correlação ideológica unívoca entre sociedade civil e esfera privada, entendida como economia, e o Estado entendido como esfera pública. Há uma esfera privada no Estado (economia) e uma esfera pública não-estatal, constituída pelos movimentos sociais, ONGs, associações de cidadania.

Assim, os conceitos de público e privado não se aplicam mais automaticamente ao Estado e à sociedade civil, respectivamente. É possível dizer hoje que existem também as esferas do estatal-privado e do incipiente social-público.

Na esfera estatal-privada estão as empresas e corporações estatais que, embora formalmente públicas, encontram sua lógica na defesa de interesses particulares, econômicos ou setoriais, comportando-se na prática como organizações de mercado. Já na esfera social-pública, ainda emergente, encontram-se os movimentos e instituições que, embora formalmente privados, perseguem objetivos sociais, articulando na prática a construção de um espaço público não-estatal. É o caso das organizações não-governamentais que, como sugere o sociólogo americano Alan Wolfe, são também organizações de não-mercado (ONMs) e, ainda, organizações não-corporativas.

Segundo o escritor Augusto de Franco, dessa esfera pública não-estatal estariam excluídos os partidos políticos, que, embora formalmente possam ser considerados instituições da sociedade civil, na prática se comportam como organizações pró-estatais. Voltados à luta pelo poder, os partidos acabam assumindo as "razões de Estado", pois seu centro estratégico não se situa no interior da sociedade civil que buscam representar, mas no modelo de Estado que pretendem conservar ou mudar.

A construção dessa esfera social-pública, enquanto participação social e política dos cidadãos, passa pela existência de entidades e movimentos não-governamentais, não-mercantis, não-corporativos e não-partidários. Tais entidades e movimentos são privados por sua origem, mas públicos por sua finalidade. Eles promovem a articulação entre esfera pública e âmbito privado como nova forma de representação, buscando alternativas de desenvolvimento democrático para a sociedade.*

As ONGs que cumprem funções públicas percebem sua prática como inovadora na articulação de uma nova esfera pública social, e se consideram precursoras de uma nova institucionalidade emergente. O Estado, o mercado, as corporações e os partidos não seriam suficientes para a articulação e ampliação da esfera pública como um todo, nem seriam adequados para a construção de uma nova institucionalidade social pública. Ao contrário, a pressão de uma esfera social-pública emergente é que poderia reformar e democratizar efetivamente o Estado, o mercado, as corporações e os partidos.

Os sujeitos sociais emergentes nas últimas décadas deste século — movimentos ecológicos, feministas, de minorias, de consumidores etc. — não parecem dispostos a encaminhar suas dinâmicas para dentro dos partidos políticos, pois sentem-se afugentados pela forma piramidal, burocrática e profissional das lutas político-partidárias.

Em suma, essas entidades e movimentos da sociedade civil, de caráter não-governamental, não-mercantil, não-corporativo e não-partidário, podem assumir um papel estratégico quando se transformam em sujeitos políticos autônomos e levantam a bandeira da ética, da cidadania, da democracia e da busca de um novo padrão

*Não se trata de apresentar uma visão idílica das ONGs ou de negar o papel do Estado, mercado e partidos. Existem ONGs que defendem interesses particularistas e ninguém ignora a necessidade de fortalecer, ampliar e aperfeiçoar as esferas estatal-pública e social-privada. Segundo Rubem C. Fernandes, existem agentes privados para fins privados (mercado), agentes públicos para fins públicos (Estado), agentes privados para fins públicos (terceiro setor) e também agentes públicos para fins privados (corrupção).

de desenvolvimento que não produza a exclusão social e a degradação ambiental.

As Organizações Não-Governamentais

Uma das principais características do mundo contemporâneo é a globalização econômica e o desenvolvimento de novas formas de solidariedade entre os cidadãos, configurando uma tendência para a constituição de uma sociedade civil global como contraponto à tendência de relativo enfraquecimento do Estado nacional, como analisamos na primeira parte. Para o professor americano Roland Robertson, entre os elementos que caracterizam a fase atual da globalização — que ele denomina "fase da incerteza", iniciada nos anos 60 — encontram-se a sociedade civil mundial e a cidadania mundial.

Por outro lado, o professor Boaventura de Sousa Santos assinala que, nos últimos vinte anos, novas formas de ação social transformadora emergiram no mundo: movimentos populares ou novos movimentos sociais com novas agendas políticas (ecologia, paz, anti-racismo, anti-sexismo) ao lado das agendas tradicionais de melhoria da qualidade de vida (sobrevivência econômica, habitação, terra, bem-estar social, educação). Esses movimentos, centrados nos temas de democratização, cidadania, liberdades, identidade cultural, além daqueles que constituem a "herança comum da humanidade" (sustentabilidade da vida humana na terra, meio ambiente global, desarmamento nuclear), assumiram a forma de organizações não-governamentais e, particularmente, de ONGs transnacionais. Os Tratados Alternativos das ONGs aprovados no Fórum Global durante a Conferência das Nações Unidas sobre Meio Ambiente e Desenvolvimento, realizada no Rio em 1992, constituem, segundo esse autor, "uma eloqüente demonstração do dinamismo das ONGs transnacionais".

A explosão de atividades não-governamentais em geral, e das ONGs em particular, reflete a intensificação da permeabilidade das fronteiras nacionais, bem como os avanços nas comunicações modernas. ONGs dispersas geograficamente e organizações comunitárias de base local podem hoje desenvolver agendas e objetivos comuns no plano internacional.

Papel das ONGs

Segundo estimativa do PNUD (Programa das Nações Unidas para o Desenvolvimento), a atuação das ONGs beneficia cerca de 250 milhões de pessoas nos países em desenvolvimento. As organizações não-governamentais e voluntárias tornaram-se importantes peças de apoio aos programas de desenvolvimento nas últimas décadas. Em 1992, a assistência oficial para desenvolvimento dos países subdesenvolvidos alcançava 58,7 bilhões de dólares. Nesse ano, as ONGs distribuíram 5,5 bilhões em doações, representando 10% da assistência governamental e constituindo o quinto maior grupo doador.

Existem ONGs atuando no plano local, nacional, regional e internacional. A vinculação local e a conexão internacional possibilitam que as ações locais possam se interligar globalmente. É comum a associação de ONGs em redes que aumentam sua eficácia e campo de atuação.

Em muitos países, as ONGs ajudam a formular as políticas públicas. Em outros, seu papel é importante para fiscalizar projetos bem como para denunciar arbitrariedades do Governo, desde violações de direitos humanos até omissão no cumprimento de compromissos públicos, nacionais ou internacionais. Em alguns países, as ONGs são criadas espontaneamente como associações civis de base. Em outros, são criadas, de cima para baixo, pelo Estado ou empresas do mercado. Neste caso, existe um vício de origem que compromete a autonomia da organização, salvo se ela tiver capacidade de absorver as reivindicações da cidadania e de captar lideranças locais que transmitirão os verdadeiros anseios das comunidades.

As ONGs, em muitos países, têm desenvolvido uma política de alianças de caráter duplo. De um lado, aliam-se com o Estado para exigir do Mercado o equacionamento dos custos sociais e ambientais da produção exigido pelo desenvolvimento sustentável; de outro lado, aliam-se ao Mercado para exigir do Estado a realização de reformas democráticas que aumentem sua eficiência administrativa.

As ONGs realizam trabalhos como: centros de defesa de direitos humanos, associações de defesa do meio ambiente, institutos de pesquisa social, assessorias a movimentos populares, entidades de defesa dos direitos da mulher, dos negros, das minorias. Os principais temas abordados pelas ONGs são cidadania, educação, políticas públicas, movimentos sociais, direitos humanos e meio ambiente. E sua atuação se dá, em geral, através de assessoria e capacitação, mas suas possibilidades de ação aumentam a cada dia.

Com uma credibilidade cada vez maior junto à sociedade, as ONGs abrem espaços institucionais de participação junto ao Estado. Não para desenvolver oposição sistemática, como no passado, mas para a defesa de um novo projeto de sociedade, combinando ações a partir do Estado com outras que nascem e se desenvolvem na sociedade civil.

Segundo Cunca Bocayuva, a evolução recente de manifestações civis, ampliação da participação eleitoral, movimentos sociais e sindicais, movimento pela ética política e ação da cidadania, além da ampliação dos direitos sociais, nos dá uma esperança de que estamos desenvolvendo os direitos da cidadania. "O sentido ético de um novo modelo de desenvolvimento deve priorizar o ser humano e o meio ambiente, reforçar reformas sociais e institucionais e acima de tudo partir de uma reforma cultural profunda, um trabalho educativo que se materialize em novas políticas e relações com a redistribuição do poder, da renda e do bem-estar sociocultural no Brasil. Os meios de comunicação deverão se adaptar e transmitir comunicação-informação imparcial para a sociedade" (Bocayuva, 1995).

Nos últimos vinte anos, iniciativas como a campanha Diretas Já, o Movimento pela Ética na Política, o *impeachment* de Collor, a Ação da Cidadania contra a Fome, a Miséria e pela Vida mostram que a sociedade é capaz de se organizar politicamente. Através dessas iniciativas foram criados espaços paritários e deliberativos onde se discute a participação conjunta entre representantes e cidadãos, combinando formas de representação com participação direta da cidadania na formulação de políticas públicas, por exemplo: os conselhos de defesa da criança e do adolescente, de assistência social e de saúde. Também o orçamento participativo, onde as ações do governo são controladas pela sociedade, é fruto de iniciativas sociais. A oposição democrática deve lutar por políticas baseadas nos interesses coletivos e das minorias. A descentralização e participação no Poder Executivo é também fundamental para unir política e cidadania (Caccia Bava, 1996).

Em face a uma política neoliberal fortemente ancorada no processo de globalização, que elimina direitos sociais, aumentando a exclusão, as ONGs, erguendo a bandeira dos direitos da cidadania, aparecem como uma forma capaz de discutir, viabilizar, implementar e praticar, a nível local, regional e internacional, novas formas de melhoria de vida, baseadas em projetos alternativos de desenvolvimento.

Para alcançar esses objetivos, é grande a responsabilidade atual das organizações da sociedade civil. Em face dos impasses criados pelo modelo econômico predominante no mundo, predatório ecologicamente e injusto socialmente, pensamos que essas entidades estão sendo chamadas a desempenhar um papel de crucial importância: buscar alternativas, do ponto de vista da sociedade civil, para a crise ecológica e social que, pela degradação ambiental, ameaça o planeta e, pela globalização da pobreza, flagela a humanidade.

ONGs e Movimentos Ambientalistas

Dentro da esfera pública não-estatal se destacam como atores as organizações não-governamentais e os movimentos.

A distinção entre os papéis desempenhados por esses atores vem se tornando cada vez mais difícil, mas podemos afirmar que os movimentos se diferenciam das ONGs porque se propõem, explicitamente, a tarefa de representação da sociedade e dos interesses de grupos sociais, sejam de trabalhadores (sindical), de camponeses desprovidos de meios de produção (sem-terra, atingidos por barragens, seringueiros), de moradores de uma região (bairros, favelas), de gênero (mulheres), de etnias (negros, indígenas), de proteção da natureza e da qualidade de vida (ecológico, conservacionista), de faixa etária (terceira idade), de aposentados, de consumidores e outros.

Muitas ONGs participam desses movimentos e muitas se definem de assessoria a eles, mas os objetivos, a forma de estruturação, os meios de ação das ONGs são muito diferenciados, e apenas as mais ingênuas se atribuem o papel de representação de grupos sociais, embora o exerçam em muitas circunstâncias.

A estrutura de um movimento é clássica, supondo a manifestação do desejo de uma base de interesses de se fazer representar, um nível mínimo de institucionalização (estatutos, sede), uma estrutura de poder definida (conselhos, assembléias, diretorias), um sistema de escolha de dirigentes e compromissos dos associados (contribuições, presença em assembléias), além do reconhecimento da representatividade, seja pela legislação, pelas contrapartes (patrão, governo) ou pelos representados.

Já uma ONG, embora tenha uma estrutura semelhante, sem fins lucrativos, pode ser organizada até por um indivíduo ou grupo de indivíduos que queiram trabalhar em alguma coisa que julguem do interesse da sociedade.

Essa facilidade de criação de uma ONG pode ser motivo de distorções, mas é uma das principais razões da proliferação desse tipo de organização, sua capilaridade e capacidade de penetração em diferentes grupos sociais, assuntos, temas, conflitos ou composições. Seu grande número e diversidade de objetivos são responsáveis pela expressão política que ganharam nesse período histórico, vindo a compor um movimento social que busca se representar através da ABONG — Associação Brasileira de Organizações Não-Governamentais. Na área ambiental foram catalogadas 1.533 organizações no Cadastro Nacional de Instituições Ambientalistas, realizado com apoio da WWF no ano de 1992. Uma atualização desse cadastro (a Ecolista), realizada pelos ISER, WWF e Mater Natura, no ano de 1997, traz informações sobre 1.035 entidades que atuam em meio ambiente no Brasil.

Essas ONGs e Movimentos Ambientalistas vêm se articulando através do Fórum Brasileiro de ONGs e Movimentos de Meio Ambiente e Desenvolvimento, que já realizou doze encontros nacionais desde 1990, teve expressiva participação na realização do Fórum Global em 1992, publicou livro com as posições da Sociedade Brasileira para a CNUMAD-92 e outro livro com os tratados assinados por 1.380 entidades de diferentes países, representadas no Fórum Global.

Quando da realização da Rio + 5, reunião internacional para a avaliação do cumprimento dos compromissos assumidos na Rio-92, o Fórum Brasileiro de ONGs publicou o livro *Brasil século XXI*, que traz os resultados de uma consulta nacional sobre essa avaliação e as posições de diferentes grupos de trabalho, a saber, Agricultura, Pesca, Mineração, Energia, Transportes, Águas, Florestas, Biodiversidade, Desertificação, Assentamentos Humanos, Saúde, Saneamento e Povos Indígenas.

Atualmente as ONGs e Movimentos Ambientalistas vêm se organizando através de redes temáticas como as redes Mata Atlântica, Cerrados, Águas, Educação Ambiental e outras, promovem reuniões regionais, publicam boletins e estudos, se comunicam intensamente através do sistema eletrônico de comunicação Alternex e das teleconferências. No plano internacional as articulações se dirigem às diferentes convenções (Clima, Biodiversidade, Resíduos, Águas Doces, e outras) e à Comissão de Desenvolvimento Sustentável da ONU. Este livro pretende ser um convite para que o leitor se integre às ONGs, conheça o trabalho que desenvolvem, dê apoio, cobre transparência e participação.

Bibliografia

Abreu, H. "Políticas públicas", em *Proposta*, vol. 167, nº 69, Rio de Janeiro, FASE, 1993.

Acselrad, Henri e Vieira, Liszt. *Ecologia, direito do cidadão*. Rio de Janeiro, Gráfica JB, 1993.

Aguesse, Pierre. *Chaves da Ecologia*. Rio de Janeiro, Ed. Civilização Brasileira, 1972.

Arruda Jr., E. *Lições de Direito Alternativo*. São Paulo, Editora Acadêmica (org.), 1992.

Bendit, D. C. e Castoriadis, C. *Da Ecologia à autonomia*. São Paulo, Ed. Brasiliense, 1981.

Benevides, Maria Vitória. "Cidadania e democracia", em *Lua Nova*, nº 33, São Paulo, Cedec, 1994.

Bobbio, N. *A era dos direitos*. Rio de Janeiro, Editora Campus, 1992.

Boff, Leonardo. *Ecologia, grito da Terra, grito dos pobres*. São Paulo, Ed. Ática, 1995.

Bredariol, C. S., *et alii*. *Favelas e contenção de encostas na cidade do Rio de Janeiro*. Rio de Janeiro, FEEMA, 1979.

Bredariol, C. S. *Projeto ecodesenvolvimento em áreas urbanas do Rio de Janeiro*. Rio de Janeiro, FEEMA, 1979.

Bredariol, C. S. e Vieira, Liszt. *Consulta nacional de saneamento e meio ambiente*. Rio de Janeiro, IBAM, 1995.

Brown, Lester. *Por uma sociedade viável*. Rio de Janeiro, Ed. Fundação Getúlio Vargas, 1983.

Carvalho, José Murilo. "Entre a liberdade dos antigos e a dos modernos: a república no Brasil". Rio de Janeiro, *Dados*. vol. 32, nº 3, 1989.

CEPAL. *Procedimientos de gestión para un desarrollo sustentable (aplicables a municipios, microrregiones y cuencas)*. Santiago do Chile, División de Recursos Naturales y Energía de la CEPAL, 1993.

Chauí, M. *Cultura e Democracia*. São Paulo, Editora Moderna, 1984.

———. *Convite à Filosofia*. São Paulo, Editora Ática, 1995.

CMMAD — Comissão Mundial sobre Meio Ambiente e Desenvolvimento. *Nosso futuro comum*. Rio de Janeiro, Ed. Fundação Getúlio Vargas, 1988.

Cranston, M. "Are There Any Human Rights?" *Journal of the American Academy of Arts and Sciences*, vol. 112, nº 4, Daedalus, 1983.

Da Matta, R. *A questão da cidadania num universo relacional. A casa & a rua*. Rio de Janeiro, Editora Guanabara, 1988.

Darling e Dasmann. "A sociedade humana vista como ecossistema", em *Homem, ecologia e meio ambiente*. Rio de Janeiro, FBCN, 1971.

Diegues, A. Carlos. "Desenvolvimento sustentado, gerenciamento geoambiental e o de recursos naturais", em *Cadernos FUNDAP*, ano 9, nº 16, São Paulo, FUNDAP, junho de 1989.

———. *O mito moderno da natureza intocada*. São Paulo, NUPAUB — Núcleo de Apoio à Pesquisa sobre Populações Humanas e Áreas Úmidas Brasileiras, USP, 1994.

Dumont, René. *L'utopie ou la mort*. Paris, Éditions du Seuil, 1973.

Dupuy, J. Pierre. *Introdução à crítica da Ecologia Política*. Rio de Janeiro, Ed. Civilização Brasileira, 1980.

Engels, Friedrich. *Dialética da natureza*. Rio de Janeiro, Ed. Paz e Terra, 1979.

———. *Humanização do macaco pelo trabalho*. S/R.

Erlich, Paul e Anne. *População, recursos e ambiente*. São Paulo, Ed. Polígono, 1974.

FEEMA. *Concentração de partículas em suspensão na Região Metropolitana do Rio de Janeiro*. Rio de Janeiro, FEEMA, 1988.

Furtado, Celso. *O mito do desenvolvimento*. Rio de Janeiro, Ed. Paz e Terra, 1974.

Gorz, André. *Écologie et politique*. Paris, Éditions du Seuil, 1978.

Guattari, Félix. *A revolução molecular*. São Paulo, Editora Brasiliense, 1987.

———. *As três ecologias*. Campinas, SP, Papirus Editora, 1990.

Gusmão, Paulo P. *Descentralização e municipalização da gestão ambiental*, no prelo.

Habermas, J. "Soberania popular como procedimento", em *Novos Estudos CEBRAP*, nº 20, CEBRAP, São Paulo, março de 1990.

Hermet, G. *Des concepts de la citoyenneté dans la tradition occidentale. Métamorphoses de la représentation politique au Brésil et en Europe*. Paris, Edit. Centre National de la Recherche Scientifique, 1991.

Herzog *et alii*. *Quelle démocratie, quelle citoyenneté?* Paris, Les Éditions de l'Atelier, 1995.

Hogan, Daniel J. "Ecologia humana e as ciências sociais", em *Segunda jornada de ecologia humana*. Campinas, SP, UNICAMP, 1981.
IBAM. *Consulta nacional sobre gestão do saneamento e do meio ambiente urbano* (relatórios técnicos). Rio de Janeiro, IBAM, 1994.
IBASE —*Projeto de pesquisa: meio ambiente e democracia*. Rio de Janeiro, IBASE, 1991.
———. *Mapeamento dos conflitos ambientalistas no Brasil — Diagnósticos regionais*. Rio de Janeiro, IBASE, 1994.
IBGE. *Pesquisa nacional de saneamento*. Brasília, IBGE, 1989.
Lago, Antônio e Pádua, J. A. *O que é Ecologia*. Coleção Primeiros Passos, São Paulo, Abril Cultural, Ed. Brasiliense, 1985.
Leca, J. *Individualisme et citoyenneté. Sur l'individualisme*. Paris, Presses de la Fondation Nationale des Sciences Politiques, 1986.
Margalef, Ramón. *Ecologia*. Barcelona, Ediciones Omega S.A., 1980.
Marshall, T. H. *Cidadania, classe social e status*. Rio de Janeiro, Zahar Editores, 1967.
Marti, D. "South Wants a Price for Biodiversity", em *E. S. Times*, Rio de Janeiro, 1992.
Mater Natura. *Cadastro nacional de instituições ambientalistas*. Curitiba, edição independente, 1992.
Meadows, D. *et alii*. *Limites do crescimento*. São Paulo, Ed. Perspectiva, 1973.
MMA/IBAMA. *Programa de descentralização da gestão ambiental. Sistematização de projetos*. Brasília, IBAMA, 1994.
Morin, Edgard. *O método I: A natureza da natureza — 1977; O método II: A vida da vida — 1980; O método III: O conhecimento do conhecimento — 1986*. (Tradução de M. G. Bragança, Éditions du Seuil.) Portugal, Publicações Europa-América, Ltda.
Morse, R. *O espelho de Próspero*. São Paulo, Companhia das Letras, 1988.
Odum, Eugene P. *Ecologia*. Rio de Janeiro, Ed. Guanabara, 1988.
Pacheco, R.S., *et alii*. "Atores e conflitos em questões ambientais urbanas", em *Espaço & Debates*, nº 35, ano XII, 1992.
Pádua, José Augusto. "Natureza e projeto nacional", em Ecologia e política no Brasil. Rio de Janeiro, Ed. Espaço e Tempo, 1987.
Roche, M. "Citizenship, Social Theory, and Social Change", em *Theory and Society*, vol. 16, nº 3, 1987.
Rodrigues, A. M. "Desenvolvimento sustentável: a nova roupa para a velha questão do desenvolvimento", em *Direito à cidade e meio ambiente*. Rio de Janeiro, Fórum Brasileiro de Reforma Urbana, 1993.
Rovere, E. H. *Proteção atmosférica e matriz energética*. Vitória, ABEMA, 1992.
Sachs, Ignacy. *Economia e Ecologia*. Mimeografado. Paris, CIRED, 1975.
Schumacher, E. F. *O negócio é ser pequeno*. Rio de Janeiro, Ed. Zahar, 1980.

Shills, E. "The Virtue of Civil Society", em *Government and Opposition*, vol. 26, nº 1, 1991.
Soboll, Valter. "Teoria e prática do desenvolvimento sustentado", em *Bio-Revista Brasileira de Saneamento e Meio Ambiente*, nov./dez. 1989.
Tanner, R. Thomas. *Educação ambiental*. São Paulo, Sumus Editora / EDUSP, 1978.
Touraine, Alain. *Em defesa da Sociologia*. Rio de Janeiro, Editora Zahar, 1976.
Turner, B. "Outline of a Theory of Citizenship — Sociology", em *The Journal of the British Sociological Association*, vol. 24, nº 2, 1990.
UNEP. *Agenda XXI*, Genebra, 1993.
———. "Documento final da conferência de Estocolmo", em *Museum*, vol. XXV, nº 1 / 2, UNESCO, 1973.
Vieira, Liszt. *Fragmentos de um discurso ecológico*. São Paulo, Editora Gaia, 1990.

Anexos

I. A AGENDA 21 E O TRATADO DAS ONGs

Instituto de Meio Ambiente de Estocolmo
(Stockholm Environment Institute — SEI)
Conselho da Terra (Earth Council)

A CNUMAD (Conferência das Nações Unidas para o Meio Ambiente e o Desenvolvimento) promoveu um enfoque global sem paralelo sobre os temas de meio ambiente e desenvolvimento, destacando essencialmente o potencial para alcançar o desenvolvimento sustentável com base em princípios como o manejo sustentável dos recursos naturais, igualdade social e participação democrática crescente na tomada de decisões.

Tanto o Conselho da Terra quanto o Instituto de Meio Ambiente de Estocolmo reconhecem a imensa importância de tomar como base a oportunidade fornecida pela CNUMAD e o Fórum Global para promover o diálogo legítimo sobre perspectivas e atividades que mais tendem para um futuro mais seguro sob o ponto de vista ambiental. Os temas para discussão que se seguem são resultado da recente colaboração entre o Conselho da Terra e o SEI. Este relatório é uma tentativa de comparar as percepções, objetivos e atividades sugeridas na Agenda 21 e nos Tratados das ONGs ratificados no Rio. O relatório também inclui um Apêndice, contendo uma tabela de informação preparada pela equipe do Conselho da Terra.

Nós estamos ansiosos por continuar a cooperação entre nossas duas organizações através da incorporação de todos os comentários e sugestões recebidos a partir deste trabalho preliminar em um relatório final e, na segunda parte do programa, ampliar o enfoque para incluir outras estratégias propostas para o desenvolvimento sustentável em documentos como *Voz da águia* (*Voice of the Eagle*) e *Agenda de ciência para meio ambiente e desenvolvimento em direção ao século 21* (*An Agenda of Science for Environment and Development into the 21st Century*).

Alicia Barcena
Diretora Executiva
Conselho da Terra

Michael J. Chadwick
Diretor
Instituto de Meio Ambiente de Estocolmo

UMA COMPARAÇÃO ENTRE A AGENDA 21 E OS TRATADOS DAS ONGs: TEMAS PARA DISCUSSÃO

Elaborada por Mary MacDonald (pesquisadora associada do Instituto de Meio Ambiente de Estocolmo, trabalhando atualmente com o Conselho da Terra)

O impulso proporcionado pelo processo da Conferência das Nações Unidas para Meio Ambiente e Desenvolvimento (CNUMAD) na direção do crescimento da nossa compreensão do que é necessário para se atingir o desenvolvimento sustentável não pode ser perdido neste período pós-CNUMAD. Os muitos resultados trazidos pela CNUMAD constituem uma rica fonte de análises e idéias que requerem consideração e debates adequados. O que se segue é uma tentativa de iniciar a discussão sobre as semelhanças e diferenças de objetivos, princípios subliminares, prioridades e ações entre a Agenda 21 e os tratados ratificados por muitas das organizações não-governamentais (ONGs) presentes à Rio-92. Ambos os documentos abordam uma gama extremamente ampla de tópicos complexos, e é importante enfatizar a natureza interconectada e superposta de muitas das questões aqui levantadas.

Uma comparação dos dois conjuntos de propostas leva em consideração a identificação de áreas de concordância assim como pontos de divergência e contradição. Equipados com esta informação, seria possível começar a integrar a ampla gama de estratégias propostas para o desenvolvimento sustentável. Na busca deste objetivo, os autores solicitam e agradecem todos os comentários e correções.

As primeiras poucas páginas apresentam uma visão geral da comparação. Para informação mais detalhada, o leitor deve consultar a seção final do *paper*, onde há uma comparação sumarizada documento a documento.

ANTECEDENTES

Origem dos documentos

A Agenda 21 foi inicialmente lançada como um documento para discussão pelo Secretariado da CNUMAD no período entre o segundo e o terceiro Comitês Preparatórios (PrepComs). O documento inicial era muito menos extenso e também menos abrangente do que a versão final. Todos os capítulos da Agenda 21 eram, teoricamente, revistos pelas delegações de governos na CNUMAD e foram modificados, em intensidade variada, até a aprovação do texto final por 172 governos do Rio. O "Processo de Confecção dos Tratados Alternativos" foi iniciado em Paris em 1991, durante o terceiro PrepCom, quando grupos de ONGs perceberam que a Agenda 21 não preencheria "a crescente lacuna entre o interesse das nações e dos políticos e o interesse das comunidades e instituições da sociedade civil" (Máximo T. Kalaw, Jr. — 1992. "The NGO Treaties: From

Active Resistance to Creative Alternative Making", em *Alternative Treaties*. International NGO Forum, Philippine Secretariat and Philippine Institute of Alternative Futures, Manila). Os Tratados foram aprovados por mais de 3.000 ONGs e movimentos sociais presentes ao Fórum Global, realizado no Rio simultaneamente à CNUMAD.

De quem são as idéias apresentadas

Por causa do grande número de pessoas envolvidas na negociação tanto da Agenda 21 quanto dos Tratados das ONGs, não é muito claro de quem são as idéias apresentadas nos documentos. O primeiro esboço da Agenda 21 liderado pelo Secretariado da CNUMAD privilegiava os subsídios fornecidos pelas reuniões da equipe do Secretariado com grupos de especialistas de todas as partes do mundo relativos a várias questões do meio ambiente e desenvolvimento. À medida que a Agenda tomou forma, delegações de governos, incluindo diplomatas e, na medida permitida pelos recursos, especialistas nacionais de disciplinas relevantes, tornaram-se a principal força na revisão dos capítulos, inclusive no acréscimo e na remoção de idéias e ênfases. Os documentos da CNUMAD foram primeiramente apresentados em inglês, e, apesar de terem sido feitas traduções em várias línguas, os documentos finais podem, de alguma maneira, refletir a impossibilidade de determinadas contribuições em função da falta de traduções feitas em tempo.

As diretrizes preparadas para o Processo de Confecção dos Tratados Alternativos enfatizam que qualquer tratado deve apresentar as visões tanto do Sul quanto do Norte e incluem um coordenador para cada uma dessas regiões. A maior parte da negociação dos tratados foi realizada no Fórum Global e foi concluída em quatro dias. A ênfase estava na formação de princípios e compromissos, e ficou claro que os signatários não estavam necessariamente comprometidos com todos os pontos contidos num tratado. Uma vez que este exercício realizou-se no Brasil, havia uma grande proporção de negociadores de tratados daquele país, mas havia também ampla representação de ONGs e movimentos sociais de todas as partes do mundo. Os Tratados das ONGs também foram inicialmente produzidos somente em inglês.

Formato e nível de detalhamento

Há uma diferença com relação ao formato e ao nível de detalhamento, tanto dentro quanto entre os dois conjuntos de documentos. O formato básico para os capítulos da Agenda 21 pretendia incluir uma introdução seguida por uma ou mais áreas programáticas. Dentro das áreas programáticas, os subtítulos incluem bases para a ação, objetivos, atividades e meios de implementação. Dentro da Agenda 21, há uma grande variedade em termos de extensão e de quantidade de detalhes incluídos. "Combatendo a pobreza" (Capítulo 3), por exemplo, não tem introdução e se estende por cinco páginas e meia, enquanto "Proteção aos oceanos" (Capítulo 17), em suas 37 páginas cobre consideravelmente mais material. De maneira geral, os Tratados das ONGs são bem mais curtos do que os capítulos da Agenda 21, mas foi feito um esforço consciente para limitar os Tratados a aproximadamente duas páginas e enfocar os princípios e compromissos que poderiam formar a base para discussão em futuros fóruns de ONGs.

Ação de continuidade

Os compromissos feitos na Agenda 21 são oficialmente responsabilidade dos governos nacionais que assinaram o acordo, entretanto, a Agenda incentiva a atividade em muitas áreas e em muitos níveis, incluindo organizações intergovernamentais, ONGs, além de governos locais e regionais. Os fóruns de ONGs continuarão, e os Tratados ratificados no Rio serão aprofundados e discutidos em bases regionais.

ÁREAS DE SUPERPOSIÇÃO

Há muito em comum entre os Tratados das ONGs e a Agenda 21 no que diz respeito à identificação de questões importantes e principais áreas de problemas. Excetuando-se o Capítulo 21 (Resoluções Adotadas pela Conferência) e o Capítulo 23 (Preâmbulo), que não lidam com temas individuais, 23 dos 38 capítulos da Agenda 21 têm um Tratado de ONG correspondente, o qual enfoca o mesmo assunto. A identificação de áreas abrangentes relacionadas ao desenvolvimento sustentável que foram abordadas nos Tratados das ONGs ou em capítulos de área programática para a Agenda 21 estão listados na Tabela 1. *É preciso ter em mente, no entanto, que, enquanto muitas áreas similares são abordadas nos dois documentos, o controle ou avaliação da questão não é necessariamente o mesmo*. Para uma apresentação mais completa dos assuntos proeminentes dos capítulos da Agenda 21 e dos Tratados das ONGs, consulte o sumário de documentos apresentado no final deste relatório.

Tabela 1: Superposição de assuntos abordados na agenda 21 e nos tratados das ONGs

agricultura	educação	população
atmosfera	pesca	pobreza
biodiversidade	segurança alimentar	tecnologia
biotecnologia	florestas	comércio
crianças e jovens	água doce	urbanização
consumo	povos indígenas	lixo
dívida externa	meio ambiente marinho	mulheres
tomada de decisões	ONG	
desertificação	nuclear	

ATMOSFERA

CAPÍTULO 9 — PROTEÇÃO DA ATMOSFERA	ACORDO ALTERNATIVO NÃO-GOVERNAMENTAL SOBRE MUDANÇA CLIMÁTICA, TRATADO SOBRE ENERGIA
Definição do problema – necessidade de melhor compreensão dos processos que influenciam e são influenciados pela atmosfera terrestre em escala global, regional e local, inclusive processos físicos, químicos, geológicos e biológicos. – produção e utilização não-sustentável da energia. – destruição do ozônio estratosférico.	– níveis crescentes de gases causadores do efeito estufa e outros efeitos associados (por exemplo, elevação do nível dos oceanos, empobrecimento da diversidade biológica). – desenvolvimento industrial caracterizado pela injustiça social, utilização não-sustentável da energia.
Razão do problema	– padrões atuais de desenvolvimento e de consumo. – corporações e interesses poderosos e inestimáveis são responsáveis por sérios problemas sociais e ambientais, especialmente por todas as formas de energia nuclear.
Exemplos de ações propostas – promover a cooperação na capacitação científica, o intercâmbio de dados e informações científicas e facilitar a participação e o treinamento de especialistas e equipe técnica. – políticas e programas para aumentar a contribuição de sistemas de energia ambientalmente segura e economicamente viável, particularmente novas formas de energia e de fontes renováveis.	– gerenciar recursos de forma a atingir o desenvolvimento social, econômico e físico das sociedades humanas. – aumentar a conservação e o aproveitamento máximo da energia e de formas alternativas de energia.

Principais pontos de comparação
Há concordância geral com relação à definição do problema. Os Tratados das ONGs articulam uma causa subliminar do problema, o que não ocorre na Agenda 21. Ambos os grupos reconhecem os benefícios que podem advir da conservação energética e do uso de fontes alternativas (inclusive renováveis) de energia. Os Tratados das ONGs enfatizam a necessidade de trabalhar ativamente para a mudança nesta área.

BIODIVERSIDADE

CAPÍTULO 15 — CONSERVAÇÃO DA DIVERSIDADE BIOLÓGICA	COMPROMISSO DOS CIDADÃOS EM RELAÇÃO À BIODIVERSIDADE, MINUTA DE PROTOCOLO SOBRE COMPONENTES DE PESQUISA CIENTÍFICA DA CONSERVAÇÃO DA BIODIVERSIDADE MARINHA
Definição do problema – uma diminuição global da biodiversidade.	– a biodiversidade está sendo ameaçada pela destruição e a poluição dos hábitats naturais. – necessidade de monitorar, planejar e coordenar atividades de pesquisa para a biodiversidade. – a pesca predatória e a introdução de espécies não-indígenas está ameaçando a diversidade biológica dos oceanos.
Razão do problema – atividade humana.	– práticas predatórias têm prevalecido sobre as formas tradicionais. – a tecnologia atual é muito mais poderosa do que a do passado. – o número de exploradores de recursos continua aumentando.
Exemplos de ações propostas – documentação e conservação da diversidade biológica. – participação e apoio das comunidades locais na meta da preservação da biodiversidade. – pressão para a entrada em vigor, em curto prazo, da Convenção sobre Diversidade Biológica.	– trabalhar para mudanças fundamentais nos modelos e práticas de desenvolvimento socioeconômico em todo o mundo e promover mudanças na forma de pensar dos indivíduos com vistas a uma parceria de maior igualdade com a Terra. – partilhar informações e construir redes de ONGs.

Principais pontos de comparação

A maior diferença entre a Agenda 21 e os Tratados das ONGs com relação a biodiversidade repousa nas prioridades para ação. Embora haja semelhanças (por exemplo, convidando e fortalecendo a participação e o apoio das comunidades locais para preservar a biodiversidade), as ONGs enfatizam a necessidade de mudanças nos modelos e práticas de desenvolvimento numa escala internacional. A Agenda 21 sublinha a visão pela qual, sejam quais forem os passos dados, "todas as nações têm o direito de explorar seus próprios recursos biológicos de acordo com suas práticas ambientais".

BIOTECNOLOGIA

CAPÍTULO 16 — MANEJO AMBIENTALMENTE SEGURO DA BIOTECNOLOGIA	COMPROMISSO DOS CIDADÃOS COM A BIOTECNOLOGIA
Definição do problema – desenvolver e promover a aplicação dos princípios acordados internacionalmente a fim de assegurar o manejo ambientalmente seguro da biotecnologia para gerar credibilidade e confiança pública, promover o desenvolvimento da aplicação sustentável da biotecnologia e estabelecer mecanismos facilitadores apropriados, especialmente nos países em desenvolvimento.	– necessidade de uma convenção internacional sobre biotecnologia baseada nos princípios delineados no tratado (por exemplo, respeito pelo conhecimento tradicional, pesquisa biotecnológica orientada para o bem comum).
Razão do problema – a biotecnologia vista como parte da solução (em lugar de parte do problema) de alguns aspectos negativos de meio ambiente e desenvolvimento.	
Exemplos de ações propostas – estabelecer mecanismos facilitadores do desenvolvimento e da aplicação da biotecnologia de forma ambientalmente segura. – desenvolver a exigência de aprovação consciente e por parte do público.	– desenvolvimento e implementação de uma convenção internacional sobre biotecnologia baseada no reconhecimento do saber tradicional, nas necessidades definidas pelo público, no bem comum e no bem das futuras gerações. – envolvimento das ONGs na tomada de decisões com acesso a toda informação. – utilização do "princípio de precaução".

Principais pontos de comparação

A diferença básica é na ênfase geral, com a Agenda 21 se concentrando em benefícios potenciais da biotecnologia, enquanto o Tratado das ONGs enfatiza a suscetibilidade da pesquisa em biotecnologia e a necessidade de segurança. O Tratado das ONGs pede a proibição de todo o patenteamento de formas de vida, enquanto a Agenda 21 não aborda a questão das patentes.

CRIANÇAS E JUVENTUDE

CAPÍTULO 25 — CRIANÇAS E JUVENTUDE NO DESENVOLVIMENTO SUSTENTÁVEL	TRATADO EM DEFESA E PROTEÇÃO DAS CRIANÇAS E ADOLESCENTES, TRATADO DA JUVENTUDE
Definição do problema – participação reduzida da juventude na tomada de decisões sobre meio ambiente e desenvolvimento. – vulnerabilidade das crianças à degradação ambiental.	– o "festival de poderosos" na Rio-92 não estava interessado em oferecer respostas concretas para os problemas globais. – a degradação ambiental renega os direitos fundamentais das crianças e dos adolescentes.
Razão do problema	– o modelo internacional de desenvolvimento resulta na desigualdade social e na degradação do meio ambiente. – a relação desequilibrada entre Norte e Sul é resultado de políticas de dominação e discriminação.
Exemplos de ações propostas – promover o diálogo com comunidades de jovens, fornecendo informação e dando-lhes oportunidade para apresentarem seus pontos de vista. – reduzir o desemprego entre jovens. – combater abusos contra os direitos humanos das crianças. – assegurar a todos os jovens o acesso à educação.	– rejeitar o atual sistema econômico baseado no mercado livre, na maximização dos lucros e no consumo exagerado. – fornecer educação pública e gratuita. – reduzir conscientemente o consumo pessoal.

Principais pontos de comparação

Os documentos das ONGs citam causas subliminares mais amplas para a atual situação (i.e., relação desigual entre Norte e Sul) enquanto a Agenda 21 não propõe uma razão. Embora o Tratado da Juventude comece pela denúncia da falta de respostas concretas da CNUMAD aos dilemas globais, os problemas e atividades apresentados pelos Tratados de decisões sobre meio ambiente e desenvolvimento e a Agenda 21 são muito semelhantes na questão dos jovens e crianças.

CONSUMO E ESTILO DE VIDA

CAPÍTULO 4 — MUDANDO PADRÕES DE CONSUMO	TRATADO SOBRE CONSUMO E ESTILO DE VIDA
Definição do problema – padrão não-sustentável de consumo e produção, particularmente nos países industrializados, que é matéria de grande preocupação, agravando a pobreza e os desequilíbrios.	– problemas globais sérios de meio ambiente e desenvolvimento.
Razão do problema – demandas excessivas e estilos de vida não-sustentáveis entre os ricos.	– ordem econômica mundial caracterizada pelo consumo e produção em permanente expansão exaure e contamina os recursos naturais e cria e perpetua desigualdades gritantes dentro e entre nações.
Exemplos de ações propostas – todos os países deveriam empenhar-se para promover padrões sustentáveis de consumo. – redução do desperdício. – redução do uso de recursos finitos no processo de produção.	– auto-avaliação do consumo pessoal e um compromisso pessoal com a mudança. – reduzir o desperdício. – clarificação de valores, movendo-se da culpa para a ação construtiva. – desenvolver novos conceitos de riqueza.

Principais pontos de comparação
As principais diferenças entre os dois documentos repousam na ênfase da natureza da ação apropriada. A Agenda 21 se concentra no nível nacional e regional, enquanto as ONGs salientam a necessidade de um compromisso pessoal com a mudança em nível individual e a necessidade de clarificação de valores através da sociedade. O Tratado das ONGs menciona uma razão mais ampla para a existência de padrões de consumo e estilos de vida não-sustentáveis (por exemplo, a atual ordem econômica mundial) do que a Agenda 21.

TOMADA DE DECISÕES

CAPÍTULO 8 – INTEGRANDO MEIO AMBIENTE E DESENVOLVIMENTO NA TOMADA DE DECISÕES; CAPÍTULO 40 – INFORMAÇÕES PARA TOMADA DE DECISÕES	TRATADO MARCO DO RIO SOBRE TOMADA GLOBAL DE DECISÕES DAS ONGs
Definição do problema – necessidade de melhoramento e reestruturação do processo de tomada de decisões para que questões socioeconômicas e ambientais sejam plenamente integradas e seja assegurada a ampla participação pública.	– as ONGs precisam fortalecer a cooperação e a participação política.
Razão do problema	
Exemplos de ações propostas – revisão nacional da política econômica e ambiental para assegurar a integração das questões de meio ambiente e desenvolvimento nos programas. – integrar meio ambiente e desenvolvimento em todos os níveis de tomada de decisões. – promover a conscientização do público. – desenvolver ou aprimorar mecanismos para facilitar o envolvimento de indivíduos, grupos e organizações na tomada de decisões em todos os níveis.	– monitorar a implementação das leis existentes. – obter forte participação das ONGs com equilíbrio entre Norte e Sul no trabalho da Comissão das Nações Unidas sobre Desenvolvimento Sustentável. – monitorar os programas do GEF e do Banco Mundial. – fortalecer as redes e alianças de ONGs.

Principais pontos de comparação

Na questão da tomada de decisões, os Tratados das ONGs e os capítulos relevantes da Agenda 21 expressam idéias bem semelhantes. A Agenda 21 fornece sugestões mais concretas para ações dos governos (por exemplo, revisão nacional de políticas) enquanto o principal enfoque das ONGs é aumentar sua própria eficácia no processo de tomada de decisões pela melhoria das forças das redes e fortalecimento do nível atual dos relatores e coordenadores. A tomada de decisões é o único tópico para o qual são dedicados dois capítulos da Agenda 21.

ÁREAS DE SUPERPOSIÇÃO SECUNDÁRIAS

Vários assuntos são considerados somente nos Tratados das ONGs ou nos capítulos da Agenda 21, mas não em ambos. Estes assuntos são apresentados nas Tabelas 2 e 3.

Tabela 2: Áreas que receberam tratamento significativo na Agenda 21 mas não nos Tratados das ONGs

negócios e indústria	arranjo institucional internacional
capacitação em países em desenvolvimento	instrumentos e mecanismos legais internacionais
fazendeiros	iniciativas de autoridades locais em apoio à Agenda 21
recursos e mecanismos financeiros	desenvolvimento sustentável de montanhas
saúde	químicos tóxicos
planejamento integrado e gerenciamento de recursos da terra	trabalhadores e seus sindicatos

Tabela 3: Áreas que receberam tratamento significativo pelos Tratados das ONGs mas não da Agenda 21

modelos econômicos alternativos	militarismo
evasão de capital e corrupção	racismo
compromissos éticos	corporações transnacionais

OBJETIVOS E PRINCÍPIOS SUBLIMINARES

Os objetivos e princípios gerais da Agenda 21 e dos Tratados das ONGs estão mais claramente articulados nas declarações assinadas pelos dois grupos. A Declaração do Rio sobre Meio Ambiente e Desenvolvimento apresenta os princípios básicos subliminares da Agenda 21 e foi assinada por todos os governos que concordaram com a Agenda 21. As ONGs lideraram três declarações (Carta da Terra, Declarações dos Povos da Terra e Declaração do Rio de Janeiro) que destacam o espírito por trás dos Tratados das ONGs ratificados no Rio, assim como apresenta uma estrutura ética para as futuras atividades das ONGs.

Capítulo e Tratados que Abordam Questões Paralelas

AGRICULTURA

CAPÍTULO 14 - PROMOVENDO A AGRICULTURA SUSTENTÁVEL E O DESENVOLVIMENTO RURAL	TRATADO DE SEGURANÇA ALIMENTAR, TRATADO SOBRE AGRICULTURA SUSTENTÁVEL
Definição do problema – as demandas por alimentos não acompanharão proporcionalmente o crescimento da população.	– o aumento da produção de comida não resolveu o programa da fome mundial.
Razão do problema – subutilização de terras com alto potencial agrícola. – falta de conservação e reabilitação de recursos naturais em terras de potencial agrícola mais baixo.	– o sistema socioeconômico global dominante que incentiva um modelo industrial de produção agrícola.
Exemplos de ações propostas – integrar princípios de desenvolvimento sustentável no planejamento e na política agrícolas.	– romper com o modelo agrícola predatório dominante em favor de novos padrões de sustentabilidade, baseados em princípios que sejam holísticos, ecologicamente seguros, economicamente viáveis, socialmente justos, culturalmente apropriados.

Principais pontos de comparação
O problema é definido de maneira ligeiramente diferente nos dois documentos. O Tratado das ONGs enfatiza os problemas políticos como causa da má distribuição de alimentos que conduz à fome. A Agenda 21 se concentra no aumento da quantidade de comida disponível como um meio para aliviar a fome e a desnutrição. Esta mesma perspectiva está refletida na razão do problema e nas ações propostas, embora ambos os documentos reforcem a necessidade de assumir modelos mais sustentáveis de produção agrícola.

DESMATAMENTO

CAPÍTULO 11 – COMBATENDO O DESMATAMENTO	TRATADO DAS FLORESTAS, TRATADO SOBRE CERRADOS
Definição do problema – principais pontos fracos das políticas, métodos e mecanismos adotados para apoiar e desenvolver os múltiplos papéis ecológicos, econômicos, sociais e culturais das árvores, florestas e terras de florestas.	– os ecossistemas florestais do mundo foram perigosamente reduzidos e degradados durante mais de um século de consumo não-sustentável de produtos de madeira e de madeira para combustível.
Razão do problema – florestas ameaçadas pela descontrolada degradação e conversão a outros tipos de usos da terra, influenciados pelo aumento das necessidades humanas, expansão agrícola, falta de controle adequado das queimadas de florestas, medidas contra invasores, derrubada comercial não-sustentável de madeira.	– degradação nacional e transnacional de ecossistemas florestais durante a exploração e no comércio de produtos da floresta.
Exemplos de ações propostas – sustentação dos papéis e funções múltiplas de todos os tipos de florestas. – conservação de todos os tipos de florestas e recuperação vegetal de áreas degradadas.	– a política florestal precisa ser desenvolvida com o máximo de consulta e participação pública, particularmente junto aos povos locais da floresta e grupos comunitários. – territórios tradicionais de povos indígenas precisam ser legalmente reconhecidos, demarcados e garantidos. – ONGs trabalharão contra a derrubada de florestas remanescentes primárias e antigas, farão campanhas pela conservação de florestas e incentivarão a criação de coalizões.
Principais pontos de comparação Há um estreito acordo entre estes dois documentos em muitos pontos. Os Tratados das ONGs incluem uma lista de promessas que se superpõem a várias áreas programáticas deste capítulo da Agenda 21. Por exemplo: Tratado das ONGs (declarando que farão campanhas pela conservação de florestas); Agenda 21 (observando que a situação atual pede ação urgente e consistente para a conservação e sustento dos recursos da floresta). Principal diferença: ênfase das ONGs em seu compromisso com a ação.	

DESERTIFICAÇÃO

CAPÍTULO 12 – GERENCIANDO ECOSSISTEMAS FRÁGEIS: COMBATENDO A DESERTIFICAÇÃO E A SECA	TRATADO SOBRE ZONAS ÁRIDAS E SEMI-ÁRIDAS
Definição do problema – desertificação como degradação da terra em áreas áridas, semi-áridas e secas subúmidas.	– zonas áridas e semi-áridas sofreram um processo acelerado de degradação social e ambiental, inclusive desertificação.
Razão do problema – variações climáticas e atividades humanas.	– adoção do pacote de tecnologia da Revolução Verde, particularmente agricultura irrigada. – grandes represas que resultam em alagamento permanente da terra e reassentamento da população local. – recusa dos poderes sociais e econômicos emergentes em aceitar os sistemas tradicionais de produção (por exemplo, uso predatório da terra).
Exemplos de ações propostas	– aplicação de uma perspectiva de desenvolvimento que seja socialmente justa, ecologicamente sustentável, culturalmente apropriada e holística. – redefinição de indicadores econômicos. – criação de legislação rigorosa que defenda da privatização do capital genético. – ONGs devem se organizar e trabalhar em rede.

Principais pontos de comparação
A definição do problema que requer ação é semelhante nos dois documentos. A Agenda 21 menciona as variações climáticas e algumas vagas "atividades humanas" como razões para o fenômeno crescente da desertificação, enquanto as ONGs são mais específicas na identificação das atividades e condições como a construção de grandes represas e acesso desigual aos recursos naturais como principais causas. As ONGs reconhecem a necessidade e assumem um compromisso com a ação política. Isto não é encontrado na Agenda 21.

EDUCAÇÃO

CAPÍTULO 36 - PROMOVENDO A EDUCAÇÃO, CONSCIÊNCIA E TREINAMENTO DO PÚBLICO	TRATADO SOBRE EDUCAÇÃO AMBIENTAL PARA SOCIEDADES SUSTENTÁVEIS E RESPONSABILIDADE GLOBAL
Definição do problema – educar, promover a consciência do público e treinar em todas as áreas necessárias para a implementação da Agenda 21.	– compreender a natureza sistemática das crises que ameaçam o futuro do mundo a fim de promover a educação para as mudanças exigidas na busca de atingir a sustentabilidade com igualdade.
Razão do problema	– um sistema socioeconômico dominante que leva a problemas como o aumento da pobreza, a deterioração ambiental e a violência coletiva, baseada no excesso de consumo para alguns e baixo consumo e condições inadequadas de produção para a maioria.
Exemplos de ações propostas – atingir a consciência de meio ambiente e desenvolvimento numa escala mundial. – incentivar escolas e planejar programas de trabalho ambiental. – treinar (por exemplo, agências de auxílio para fortalecer o componente de treinamento, tornando-o multidisciplinar, promovendo a consciência e fornecendo as técnicas necessárias à transição para uma sociedade sustentável).	– as ONGs devem trabalhar com outras ONGs para atingir metas como educação para todos. – desenvolver cidadania local e global com respeito à autodeterminação e soberania das nações. – democratização dos meios de comunicação. – fornecer educação que seja holística e interdisciplinar.

Principais pontos de comparação

Há uma grande diferença entre os dois documentos na maneira como o problema é percebido. O enfoque da Agenda 21 é no crescimento da consciência e da educação, a fim de atingir as metas da Agenda 21, enquanto o Tratado das ONGs busca educar para as mudanças exigidas para se atingir a sustentabilidade, incluindo o fortalecimento da consciência dos problemas associados com o sistema socioeconômico dominante. As atividades efetivamente propostas (por exemplo, educação e treinamento que seja interdisciplinar e democrático) são muito semelhantes, com exceção do compromisso das ONGs de trabalharem com outras ONGs, que não é encontrado na Agenda 21.

ÁGUA DOCE

CAPÍTULO 18 - PROTEÇÃO DA QUALIDADE E DO ABASTECIMENTO DOS RECURSOS DE ÁGUA DOCE: APLICAÇÃO DE PERSPECTIVAS INTEGRADAS AO DESENVOLVIMENTO, MANEJO E USO DOS RECURSOS HÍDRICOS	TRATADO DE ÁGUA DOCE
Definição do problema – escassez generalizada, destruição gradual e poluição agravada dos recursos de água doce.	– rápida deterioração dos ecossistemas através do consumo irracional e do desperdício da água.
Razão do problema – abuso progressivo de atividades incompatíveis. – poluição da atmosfera.	– políticas públicas que dão prioridade a interesses privados que exploram recursos hídricos com uma perspectiva de curto prazo.
Exemplos de ações propostas – intensificar o papel da participação pública na tomada de decisões sobre recursos de água doce. – reduzir a incidência de doenças associadas a água. – promover convênios entre centros de pesquisa do Norte e Sul. – aplicar o planejamento integrado de recursos hídricos no manejo da água doce. – assegurar acesso universal ao abastecimento adequado de água de boa qualidade.	– campanhas das ONGs contra projetos hídricos de larga escala. – trabalho das ONGs para descentralizar e democratizar o planejamento, o manejo e a tomada de decisões para programas de uso da terra e manejo da água. – proibir a instalação e a manutenção de projetos nucleares. – influenciar e garantir que instituições internacionais de apoio redirecionem financiamentos para projetos socialmente sustentáveis, descentralizados e comunitários de avaliação e manejo de recursos hídricos.

Principais pontos de comparação

Os dois documentos são muito parecidos no que diz respeito à definição do problema. Muitas das atividades propostas também são semelhantes, com as ONGs dando ênfase a atividades de pequena escala e se comprometendo a fazer campanha contra atividades de larga escala, o que não está presente na Agenda 21.

POVOS INDÍGENAS

CAPÍTULO 26 - RECONHECIMENTO E FORTALECIMENTO DO PAPEL DOS POVOS INDÍGENAS E DE SUAS COMUNIDADES	ACORDO INTERNACIONAL ENTRE ORGANIZAÇÕES NÃO-GOVERNAMENTAIS E POVOS INDÍGENAS
Definição do problema – a habilidade do povo indígena de participar integralmente do desenvolvimento sustentável foi limitada, como resultado de fatores econômicos, sociais e históricos.	– destruição do meio ambiente e das culturas dos Povos Indígenas.
Razão do problema	– o modo de vida dos Povos Indígenas em harmonia com a natureza foi interrompido pela invasão dos territórios indígenas. – imposição de modelos de desenvolvimento econômico do Ocidente – até algumas ONGs impuseram estes modelos em determinados projetos.
Exemplos de ações propostas – fortalecer as Convenções de Povos Tribais e Indígenas. – estabelecer um processo que dê poderes ao Povo Indígena e a suas comunidades, através de instrumentos legais. – proteger a terra do Povo Indígena de atividades destrutivas ou daquelas consideradas social ou culturalmente não apropriadas. – aumentar a participação dos Povos Indígenas na tomada de decisões, no planejamento do manejo de recursos e das estratégias de conservação.	– compromissos das ONGs de apoiar a demarcação de territórios indígenas, promover o reconhecimento da autonomia e do autogoverno. – trabalho das ONGs para evitar a imposição de valores e sistemas econômicos ocidentais baseados na economia de mercado. – garantia de que os Povos Indígenas assumem a responsabilidade pela continuidade dos valores e do sistema que permitem um relacionamento harmônico entre o homem e a natureza.

(continua)

Principais pontos de comparação
O Tratado das ONGs apresentado aqui é diferente dos outros tratados vistos neste trabalho porque cria um acordo entre as ONGs e uma outra parte, neste caso, os Povos Indígenas. Uma diferença importante entre os dois documentos é que a Agenda 21 não reconhece os "direitos inalienáveis" do Povo Indígena à sua terra, o que é um princípio fundamental do acordo das ONGs. Os dois documentos demonstram reconhecer a imensa contribuição que os Povos Indígenas, suas comunidades e base de conhecimento podem dar para ajudar a alcançar um futuro mais seguro ambientalmente, se for dada aos Povos Indígenas a oportunidade para participar da tomada de decisões e se sua cultura não estiver sob constante ameaça de destruição.

AMBIENTE MARINHO

CAPÍTULO 17 - PROTEÇÃO DOS OCEANOS, TODOS OS TIPOS DE MARES, INCLUINDO MARES FECHADOS E SEMIFECHADOS, ÁREAS COSTEIRAS E A PROTEÇÃO, USO RACIONAL E DESENVOLVIMENTO DE SEUS RECURSOS VIVOS	TRATADO SOBRE PESCA, POLUIÇÃO DO MEIO AMBIENTE MARINHO, MINIMIZAÇÃO DAS ALTERAÇÕES FÍSICAS DOS ECOSSISTEMAS MARINHOS, PROTEÇÃO DOS MARES CONTRA AS MUDANÇAS ATMOSFÉRICAS GLOBAIS, TRATADO DE BIODIVERSIDADE MARINHA, ÁREAS MARINHAS PROTEGIDAS
Definição do problema – degradação de oceanos e do ambiente costeiro.	– os pescadores enfrentam o esgotamento de recursos, perda de acesso aos recursos e a competição com frotas industriais e de longo alcance. – a descarga de resíduos industriais resulta em acúmulos tóxicos na cadeia alimentar marinha. – alteração física dos ecossistemas.
Razão do problema	– seres humanos modificando a estrutura do substrato e características das águas superficiais, simplificando, fragmentando e até eliminando os hábitats das espécies. – aumento do buraco na camada de ozônio.

(continua)

	– manejo das zonas costeiras e usos do oceano dirigidos pelo modelo econômico global baseado na exploração e na geração de grandes lucros.
Exemplos de ações propostas – empregar abordagens preventivas no planejamento e na implementação de projetos. – os países devem ser responsáveis pela obediência às leis de conservação e manejo por navios com suas bandeiras em alto-mar. – controlar a pesca predatória através do desenvolvimento e do uso de bancos de dados confiáveis. – controlar a poluição marinha causada pelos navios.	– as ONGs trabalharão para apoiar pescadores e comunidades pesqueiras. – as ONGs devem iniciar seminários regionais e formar redes eletrônicas para disseminar informações. – as ONGs devem fazer *lobby* para o controle da poluição de navios e de fontes terrestres. – as nações devem adotar procedimentos de avaliação do impacto ambiental para qualquer projeto que afete o ambiente marinho. – criação de áreas marinhas protegidas.
Principais pontos de comparação No Capítulo 17, os problemas e atividades são identificados de uma maneira muito semelhante, tanto na Agenda 21 quanto nos Tratados das ONGs, ainda que as ONGs coloquem muito mais ênfase no *lobby* para mudança e na ação em áreas problemáticas. Uma diferença fundamental parece ser a ênfase na pesca como um meio de subsistência a que se dá prioridade no Tratado sobre Pesca das ONGs e recebe apenas uma menção na Agenda 21.	

PAPEL DAS ONGs

CAPÍTULO 27 – FORTALECENDO O PAPEL DE ORGANIZAÇÕES NÃO-GOVERNAMENTAIS: PARCEIRAS PARA O DESENVOLVIMENTO SUSTENTÁVEL	TRATADO DE COOPERAÇÃO E COMPARTILHAMENTO DE RECURSOS ENTRE ONGs, CÓDIGO DE CONDUTA PARA AS ONGs, COMUNICAÇÃO, INFORMAÇÃO, MÍDIA E REDES
Definição do problema – fortalecimento do papel das ONGs para permitir parceria e diálogo social total.	– acesso diferenciado aos meios de comunicação. – censura e outras formas de controle do governo.

(continua)

Razão do problema	– as estruturas monolíticas e monopolistas dos meios de comunicação de massa na maioria dos países não são sensíveis às questões das ONGs.
Exemplos de ações propostas – esforçar-se para alcançar a mais completa comunicação e cooperação possível entre OIGs (Organizações Intergovernamentais), governos nacionais e locais e ONGs. – a ONU e os governos devem iniciar um processo, junto com as ONGs, para rever procedimentos formais e mecanismos para o envolvimento dessas organizações na elaboração de políticas e na tomada de decisões.	– aumentar a quantidade e a capacidade técnica das ONGs. – criar programas efetivos para que as ONGs compartilhem recursos, técnicas e experiências. – desenvolver um código de ética não-lucrativo e não-partidário para as equipes e clarificar os conflitos das diretrizes de interesse. – promover as redes, através de rádio e televisão, conforme necessário.
Principais pontos de comparação Há três tratados que, de alguma maneira, correspondem ao Capítulo 27, apesar de os Tratados de Cooperação e Compartilhamento de Recursos entre ONGs e o Código de Conduta de ONGs serem, essencialmente, documentos que visam à estrutura e à ética do comportamento das ONGs, em vez de questões de ambiente e desenvolvimento. Em áreas onde há superposição de questões abordadas, há geralmente concordância entre a Agenda 21 e os documentos das ONGs (por exemplo, aumentar a participação das ONGs na tomada de decisões).	

NUCLEAR

CAPÍTULO 22 – MANEJO SEGURO E AMBIENTALMENTE SAUDÁVEL DO LIXO RADIATIVO	**TRATADO SOBRE O PROBLEMA NUCLEAR**
Definição do problema – volume de lixo radiativo sempre crescente. – necessidade de medidas rigorosas de proteção contra lixo radiativo de instalações nucleares.	– uso da energia nuclear, produção de lixo nuclear, existência de bombas nucleares. – países pobres com zonas de despejo de lixo nuclear.

(continua)

Razão do problema	– complexo militar nuclear industrial.
Exemplos de ações propostas – manejo, transporte, armazenamento e despejo seguro do lixo radiativo. – o país deve promover políticas para minimizar e limitar o lixo radiativo. – apoio a esforços no IAEA para desenvolver e implementar padrões de segurança quanto ao lixo radiativo. – proibição do despejo de lixo radiativo no mar. – não armazenar lixo radiativo no, ou próximo do, ambiente marinho, a menos que a comunidade científica apóie o princípio de precaução.	– proibir o despejo de lixo radiativo nos oceanos. – desenvolver um fundo mundial para vítimas da exposição à radiação. – tratar e armazenar o lixo radiativo nos países onde ele é produzido. – proibir exploração mineral de elementos com potencial radiativo. – acabar com os testes de bombas nucleares. – criar e apoiar redes de ONGs. – encerrar os atuais programas de energia nuclear.
Principais pontos de comparação Há diferenças importantes entre estes dois documentos. A Agenda 21 enfoca, quase exclusivamente, a questão do lixo radiativo, tais como políticas e programas para seu transporte e armazenamento seguro, mas não trata da questão da redução do uso da energia nuclear. O Tratado das ONGs salienta os perigos potenciais associados à energia nuclear, incentivando o uso de combustíveis alternativos. Os dois documentos desestimulam veementemente a exportação de lixo radiativo.	

POPULAÇÃO

CAPÍTULO 5 – DINÂMICA DEMOGRÁFICA E SUSTENTABILIDADE	TRATADO SOBRE POPULAÇÃO, MEIO AMBIENTE E DESENVOLVIMENTO
Definição do problema – crescimento da produção e da população mundial combinado com padrões de consumo não-sustentáveis fazem uma pressão crescente na capacidade de manutenção da vida do planeta.	– a comunidade internacional deve tratar dos problemas oriundos da relação entre população e meio ambiente e da desigualdade nos padrões de consumo e no acesso aos recursos.

(continua)

Razão do problema	– militarismo, dívida, políticas de ajuste estrutural e de comércio promovidas por corporações e instituições financeiras e de comércio internacionais, como o FMI, Banco Mundial e o GATT, estão degradando o meio ambiente.
Exemplos de ações propostas – desenvolver estratégias para aliviar tanto os impactos adversos das atividades humanas sobre o meio ambiente quanto os impactos adversos da mudança ambiental sobre a população humana. – melhorar a situação das mulheres. – fortalecer programas de pesquisa que integrem população, meio ambiente e desenvolvimento (por exemplo, modelagem de fluxos migratórios causados por mudança climática). – construir uma base nacional de informações. – estabelecimento de políticas, objetivos e programas nacionais de população compatíveis com a liberdade, a dignidade e valores pessoais do indivíduo.	– pôr fim aos testes nucleares e à produção de lixo tóxico, uma vez que eles representam riscos à saúde e à reprodução. – elevar a educação e as oportunidades para as mulheres. – trabalhar para mudar padrões de consumo do Norte e da elite do Sul. – opor-se a qualquer programa coercitivo de controle da população apoiado ou conduzido por agências governamentais de financiamento.

Principais pontos de comparação
A Agenda 21 não expõe as razões para a ligação entre problemas demográficos e ambientais tão claramente como os Tratados das ONGs, mas os exemplos de medidas propostas para aliviar os problemas indicam uma base comum (como: melhorar a situação das mulheres). A Agenda 21 dá exemplos mais precisos de atividades propostas (como: modelagem de fluxos migratórios causados por mudança climática — 5.9).

POBREZA

CAPÍTULO 3 – COMBATENDO A POBREZA	TRATADO SOBRE POBREZA
Definição do problema – maior igualdade na distribuição de renda e no desenvolvimento de recursos humanos.	– estado de privação, para muitas pessoas, de elementos essenciais à vida com dignidade física, mental e espiritual.
Razão do problema	– distribuição desigual e acúmulo de riqueza e consumo exagerado são as maiores causas da pobreza. – problema enraizado no modelo atual de desenvolvimento baseado na exploração do homem e da natureza e na distribuição desigual dos recursos.
Exemplos de ações propostas – não há solução uniforme, os programas devem ser específicos de cada país. – aumentar a igualdade da distribuição de renda. – promover o crescimento econômico dos países em desenvolvimento, pelo aumento de empregos e pelo desenvolvimento de programas de geração de renda.	– compromisso de empreender campanhas educacionais para combater a saída de recursos dos países pobres para os ricos. – organizar boicotes contra corporações transnacionais e contra a crescente desigualdade. – compromisso de trabalhar com comunidades locais e organizações de base pela descentralização e pela democratização.

Principais pontos de comparação
O Tratado das ONGs enfoca várias soluções básicas e amplas para a pobreza, enquanto a Agenda 21 enfatiza uma abordagem país a país. Os dois documentos concordam sobre a importância de ações nos níveis local e comunitário e sobre a urgência de dar assistência, o mais rápido possível, às minorias (por exemplo, mulheres, crianças, pastores, artesãos, comunidades pesqueiras, Povos Indígenas). A dívida é um assunto abordado nos dois documentos. As ONGs propõem o cancelamento da dívida externa dos países pobres, e, enquanto a Agenda 21 reconhece a relação da degradação social e ambiental com a dívida externa, ela é precisa no sentido de apontar soluções.

TECNOLOGIA

CAPÍTULO 34 – TRANSFERÊNCIA DE TECNOLOGIA AMBIENTALMENTE SEGURA, COOPERAÇÃO E CAPACITAÇÃO	TRATADO SOBRE BANCO DE TECNOLOGIA
Definição do problema – necessidade de favorecer o acesso a, e a transferir, tecnologia ambientalmente segura.	– exploração irrestrita de seres humanos, terra, água e outros recursos, através do processo de industrialização e modernização.
Razão do problema	– conceito de desenvolvimento baseado em recursos naturais. – a tecnologia atual é ambientalmente não-sustentável, culturalmente insensível e não inclui a criatividade da população do Terceiro Mundo.
Exemplos de ações propostas – incentivar a cooperação tecnológica entre governos, fornecedores e beneficiários. – consideração do papel da proteção da patente e dos direitos de propriedade intelectual e de seu impacto no acesso e na transferência de tecnologia ambientalmente segura. – facilitar a manutenção e a promoção de tecnologias indígenas ambientalmente seguras. – conduzir avaliações setoriais integradas de necessidades tecnológicas de acordo com os planos dos países, como previsto na Agenda 21.	– criação de um banco tecnológico com informações sobre tecnologia acessíveis a todos. – desenvolver e implementar um código de ética para o banco tecnológico. – depósito e acesso às informações do banco baseados em princípios de reciprocidade, solidariedade e igualdade. – investigar e promover tecnologia de pequena escala, autônoma, independente, sustentável dentro do contexto dos recursos locais, que exija baixo consumo de energia e produza lixo não-tóxico e biodegradável.

Principais pontos de comparação
Há acordos quanto à necessidade de maior acesso à tecnologia, mas o Tratado das ONGs enfatiza que a tecnologia deve ser pragmática, acessível, além de cultural e socialmente compatível. A Agenda 21 enfoca a facilitação de transferência de tecnologia, mas não é tão específica quanto aos parâmetros da tecnologia. Os dois documentos recomendam a criação de um banco internacional que, segundo as ONGs, deve ser operado de acordo com um rigoroso código de ética.

COMÉRCIO E DÍVIDA EXTERNA

CAPÍTULO 2 – COOPERAÇÃO INTERNACIONAL PARA ACELERAR O DESENVOLVIMENTO SUSTENTÁVEL EM PAÍSES EM DESENVOLVIMENTO E POLÍTICAS INTERNAS RELACIONADAS	TRATADO ALTERNATIVO SOBRE COMÉRCIO E DESENVOLVIMENTO SUSTENTÁVEL, TRATADO SOBRE A DÍVIDA EXTERNA
Definição do problema – dificuldade de integrar objetivos de meio ambiente e desenvolvimento.	– práticas de comércio atuais não são socialmente justas ou ecologicamente sustentáveis.
Razão do problema	– modelo predatório de desenvolvimento que prejudica o meio ambiente, promove o consumismo ilimitado e empobrece povos em todos os países (por exemplo, NAFTA). – o endividamento dos países do Sul e um modelo de desenvolvimento que não é sensível às necessidades das pessoas, mas ao poder exercido pelo capital internacional (por exemplo, TNCs).
Exemplos de ações propostas – integração entre meio ambiente e desenvolvimento, utilizando um modelo dinâmico integrado em nível nacional. – liberalização do comércio. – fornecer recursos financeiros adequados aos países em desenvolvimento. – desenvolver políticas macroeconômicas dirigidas para o meio ambiente e o desenvolvimento.	– substituir o GATT por uma Organização de Comércio Internacional em sintonia com o interesse público e não o corporativo. – as ONGs pressionarão bancos governamentais para obter uma solução democrática para a dívida externa. – as ONGs se esforçarão para substituir o modelo de desenvolvimento global atual por modelos alternativos de comércio internacional baseados em cooperativas de produtores e consumidores. – tomada de decisões baseada em democracia participativa e não em forças de mercado.

(continua)

Principais pontos de comparação
Nas áreas de comércio e dívida externa, o Tratado das ONGs e a Agenda 21 são totalmente divergentes. Os problemas não estão definidos de forma semelhante e a Agenda 21 não indica a causa subjacente do problema, enquanto o Tratado das ONGs cita o atual "modelo predatório de desenvolvimento" e o "endividamento dos países do Sul". A principal diferença com relação ao comércio é que a Agenda 21 defende que o desenvolvimento sustentável deve ser estimulado através do sucesso de acordos como o GATT, enquanto o Tratado das ONGs considera que esses acordos são conduzidos visando ao interesse corporativo em vez do interesse público e, por isso, pede a formação de uma nova Organização de Comércio Internacional, baseada em princípios de igualdade.

URBANIZAÇÃO

CAPÍTULO 7 – PROMOVENDO ASSENTAMENTO HUMANO SUSTENTÁVEL	TRATADO SOBRE A QUESTÃO URBANA
Definição do problema – as condições de assentamento humano estão se deteriorando.	– milhões de pessoas vivem em centros urbanos com problemas graves de água e poluição do ar, sem recursos para satisfazer necessidades básicas de comida, moradia, água, saneamento, drenagem, despejo de resíduos e transporte público.
Razão do problema – baixos níveis de investimento no setor urbano atribuídos às limitações gerais de recursos em certos países.	– ganância ilimitada levando à concentração da riqueza nas mãos de poucos e à pobreza generalizada. – crescimento industrial baseado na expansão industrial e consumo deslocou a população rural de suas terras e intensificou a urbanização.
Exemplos de ações propostas – desenvolver programas e políticas nacionais para assegurar que todos os países forneçam abrigo para seus desabrigados. – usar instrumentos apropriados (por exemplo, GIS) para o planeja-	– trabalhar para que os governos criem regulamentos para garantir relações sociais justas contrárias ao projeto neoliberal. – mudar prioridades para alocação de recursos públicos local, nacional e internacionalmente.

(continua)

mento e gerenciamento do uso sustentável da terra. – usar assistência externa (onde necessária) para gerar recursos internacionais necessários para melhorar as condições de vida e de trabalho de todas as pessoas a partir do ano 2000.	– reestruturar instituições financeiras internacionais para se tornarem mais transparentes e responsáveis.
Principais pontos de comparação Os documentos apresentam um ponto de partida comum, e concordam na definição e na razão do problema. De maneira geral, a Agenda 21 dá sugestões mais concretas de ações, levando em consideração planejamento do uso da terra, o fornecimento de infra-estrutura ambiental, água, saneamento e manejo de lixo sólido.	

RESÍDUOS

CAPÍTULO 21 – MANEJO AMBIENTALMENTE SEGURO DE RESÍDUOS SÓLIDOS E QUESTÕES RELACIONADAS COM ESGOTO	TRATADO SOBRE RESÍDUOS
Definição do problema – deter e reverter os efeitos da degradação ambiental, incluindo o destino ambientalmente seguro dos resíduos (Resolução da ONU 44.228).	– a produção indiscriminada de lixo causa grave desequilíbrio ambiental que ameaça a integridade dos ecossistemas.
Razão do problema – padrões insustentáveis de produção e consumo.	– modelo dominante de desenvolvimento econômico cria uma situação em que a sociedade, como um todo, e os pobres, em particular, sofrem impactos na saúde e os custos socioeconômicos da contaminação do solo, da água e da comida, assim como da poluição do ar.
Exemplos de ações propostas – minimizar os resíduos. – maximizar a reutilização e reciclagem ambientalmente seguras de resíduos.	– exigir a avaliação de impacto ambiental antes de qualquer atividade que gere resíduos. – criar campanhas para trabalhar com a meta da produção zero de lixo tóxico e nuclear.

(continua)

– promover despejo e tratamento ambientalmente seguros de resíduos. – estender o alcance dos serviços de resíduos.	– reter e manter todos os resíduos nos países em que são produzidos. – proibir as empresas transnacionais de tomar decisões sobre onde colocar resíduos nucleares. – organizar campanhas com o objetivo de reduzir, reutilizar e reciclar recursos ao máximo possível.

Principais pontos de comparação
Os objetivos e ações nos dois documentos são bastante semelhantes em vários aspectos, inclusive quanto ao reconhecimento da inter-relação de várias questões associadas com resíduos (por exemplo, a Agenda 21 sugere consultar os capítulos de água doce, assentamento humano, proteção e promoção da saúde humana e mudança de consumo) e quanto ao estímulo ao manejo ambientalmente seguro de resíduos como a reciclagem e a reutilização em todos os países. O documento das ONGs apresenta uma ênfase adicional sobre o emprego de pressão política para atingir as metas propostas.

MULHERES

CAPÍTULO 24 – AÇÃO GLOBAL DAS MULHERES EM DIREÇÃO AO DESENVOLVIMENTO SUSTENTÁVEL E IGUALITÁRIO	**TRATADO GLOBAL DE MULHERES PARA ONGs EM BUSCA DE UM PLANETA JUSTO E SAUDÁVEL**
Definição do problema – participação reduzida das mulheres na tomada de decisões econômicas e políticas, comprometendo a bem-sucedida implementação da Agenda 21.	– exclusão da liderança das mulheres e desrespeito a suas necessidades e opiniões.
Razão do problema	– falta de equilíbrio de gênero nas análises de políticas públicas, nos escalões mais altos dos governos e nas ONGs em nível internacional, regional, nacional e local, na tomada de decisões, implementação, administração, avaliação e financiamento.

(continua)

Exemplos de ações propostas – implementação das Estratégias Futuras de Nairóbi para o Progresso das Mulheres. – aumentar a proporção de mulheres executivas, conselheiras técnicas e administradoras. – desenvolver estratégias para eliminar obstáculos para a participação total das mulheres. – incluir avaliação de impacto ambiental, social e de gênero como um passo essencial no desenvolvimento e no monitoramento de programas.	– ONGs e governos cumprirão as Estratégias Futuras de Nairóbi para o Progresso das Mulheres. – ONGs se empenharão para promover a adoção do modelo de desenvolvimento sustentável baseado em modos de vida sustentáveis para todas as pessoas, com todos os direitos humanos, inclusive o acesso a ar e água limpos. – ONGs trabalharão pela igualdade de acesso das mulheres a educação, informação, salário digno, condições de trabalho seguras, direitos de herança, crédito, tecnologia adequada e serviços de saúde.
Principais pontos de comparação Há bastante concordância entre os dois documentos, particularmente no que diz respeito à definição do problema e ao direcionamento das ações propostas. O documento das ONGs vai mais adiante do que a Agenda 21 ao associar a falta de representatividade das mulheres em muitas áreas a problemas mais amplos como o militarismo e uma falta geral de respeito à diversidade cultural.	

Estas tabelas foram produzidas com a contribuição das seguintes pessoas:

Coordenadores: Carlos Rosas Vargas
Aníbal Severino
Aziyade Poltier
Colaboradores: Mary McDonald
Diomar D. Silveira
Javier Gatica
Beatriz Achultness
Max Bravo
Rafael Alberto Bravo
Floria Castrillo

San Jose, Costa Rica, junho de 1993.

Semelhanças

As partes ratificadoras da Agenda 21 e dos Tratados das ONGs concordam com relação à importância de muitos objetivos para um mundo mais ambientalmente sustentável. Estes incluem:

— erradicação da pobreza;

— reconhecimento, pelos países industrializados, de sua grande responsabilidade nos atuais problemas ambientais;

— eliminação do consumo exagerado e da produção não-sustentável de bens;

— maior acesso à informação;

— fortalecimento da participação democrática na tomada de decisões;

— desenvolvimento baseado no "princípio da precaução";

— reconhecimento da importância dos povos indígenas e de seu conhecimento e práticas tradicionais para atingir o desenvolvimento sustentável;

— participação integral das mulheres para atingir o desenvolvimento sustentável;

— reconhecimento da natureza inter-relacionada de meio ambiente, desenvolvimento e paz; e

– cooperação internacional de nações e pessoas para atingir os objetivos descritos.

Diferenças

As diferenças aparentes entre os objetivos e princípios descritos na Declaração do Rio sobre Meio Ambiente e Desenvolvimento e as Declarações das ONGs incluem a diferente ênfase em tópicos similares assim como declarações totalmente distintas. Muitas das distinções refletem a natureza política das atividades da ONU, assim como asseguram os direitos soberanos de nações, trabalhando na direção de acordos e padrões internacionais, notificação de outros países quando ocorrerem desastres naturais, notificação de efeitos transfronteiriços, respeito pela lei internacional, e a solução pacífica das disputas ambientais de acordo com a Carta da ONU, todos os quais são princípios contidos na Declaração do Rio sobre Meio Ambiente e Desenvolvimento.

Em geral, os princípios descritos acima não recebem importância primordial nas Declarações das ONGs. Em lugar disso, estes documentos concentram-se em princípios éticos, sociais e ecológicos mais amplos, reconhecimento da necessidade de mudança em muitas áreas, inclusive um reconhecimento dos limites do capital natural, reconhecimento da diversidade de vida no planeta, equilíbrio entre os gêneros no planejamento e na ação, exigência de um novo sistema econômico que sirva às necessidades de muitos de maneira eqüitativa, uma mudança na utilização da energia para fontes seguras de energia, e a necessidade de uma base ética para desenvolvimento claramente articulada.

A clarificação e reconhecimento de valores é de importância particular em todos os Tratados das ONGs, inclusive um tratado (Compromissos Éticos) totalmente dedicado a este assunto. Esta ênfase na ética não está presente na Agenda 21 e é uma das maiores diferenças entre os dois conjuntos de documentos. Há, entretanto, alguma indicação da necessidade de questionar os valores atuais, por exemplo, no Capítulo 4 da Agenda 21 (4.11: "consideração também deve ser dada aos atuais conceitos de crescimento econômico e à necessidade de novos conceitos de riqueza e prosperidade que permitem padrões mais altos de vida e são menos dependentes dos recursos da Terra").

PRIORIDADES E AÇÕES

A diferença mais aparente com respeito aos dois conjuntos de documentos é um claro compromisso por parte das ONGs com o trabalho dirigido à remoção de injustiças que foram identificadas no atual sistema socioeconômico (por exemplo, Tratado sobre Modelos Econômicos Alternativos). Por outro lado, parece haver uma aceitação tácita na Agenda 21 da necessidade de trabalhar primordialmente embora, não exclusivamente, com o sistema existente. Muitos capítulos mencionam acordos internacionais existentes que precisam ser reforçados ou implementados para atingir os objetivos propostos no capítulo (por exemplo, o Capítulo 9, Proteção da Atmosfera; Convenção de Viena para a Proteção da Camada de Ozônio — 1985; Protocolo de Montreal sobre Substâncias que Afetam a Camada de Ozônio — 1987; Marco das Nações Unidas sobre Mudança Climática — 1992). Esta diferença fundamental em perspectiva é mais óbvia quando se considera que os dois conjuntos de documentos abordam a razão pela qual existem vários problemas de meio ambiente e desenvolvimento.

Razão do problema

Como mencionado anteriormente, para muitas das questões discutidas em ambos os documentos os problemas gerais que precisam ser atacados estão definidos de maneiras semelhantes (por exemplo, urbanização — deterioração das condições de assentamento humano; tomada de decisões — necessidade de fortalecer a participação democrática; atmosfera — necessidade de uma maior compreensão dos impactos da redução da camada de ozônio e um aumento nos gases causadores do efeito estufa). Nesses casos, a diferença primária reside na identificação da causa subliminar do problema. Em geral, na Agenda 21, a razão para a existência de um problema não é discutida ou é apresentada de uma maneira direta (por exemplo, 12.2: "desertificação é o resultado de variações climáticas e atividades humanas").

Os Tratados das ONGs tendem a tomar a perspectiva de "localizar culpados" pelas condições ambientais não-sustentáveis, mencionando, por exemplo, condições interligadas como os atuais padrões de desenvolvimento e consumo, poderosas e incontáveis corporações transnacionais, questões de igualdade tais como o acesso diferenciado aos recursos naturais, injustiça social e o modelo de desenvolvimento econômico atualmente existente.

Ações propostas

Outra grande distinção entre os tratados das ONGs e a Agenda 21 é o nível no qual a ação é sugerida. Não surpreendentemente, dadas as partes envolvidas na negociação, a Agenda 21 põe ênfase na ação em nível nacional ou governamental. Isto difere do foco principal dos Tratados das ONGs, que salientam o compromisso pessoal com a mudança. Tanto a Agenda 21 quanto os Tratados das ONGs concordam com a importância dos insumos e da participação em nível local e comunitário.

Muitos dos Tratados das ONGs são um sumário dos compromissos feitos pelos signatários (por exemplo, Tratado Alternativo sobre Mudança Climática — agir em solidariedade com outras ONGs; informar e apoiar ONGs que trabalham nesta questão). Os Tratados enfatizam a organização e o *lobby* das mudanças políticas. Esta perspectiva de ação não está presente na Agenda 21.

A Agenda é um documento muito mais extenso e inclui sugestões mais específicas para atividades de desenvolvimento sustentável (por exemplo, Urbanização — 7.69: "desenvolver políticas e práticas para atingir o setor informal e construtores independentes de residências pela adoção de medidas para aumentar a possibilidade de compra de materiais de construção pelos pobres das áreas urbanas e rurais, através, entre outras coisas, de esquemas de crédito e aquisição de grandes quantidades de materiais de construção para venda a comunidades e pequenos construtores"), embora também esteja recheada de sugestões vagas, como "crescente colaboração", "abertura do processo de tomada de decisão", "fortalecer o componente de desenvolvimento sustentável de todos os programas de planejamento", que não estão apoiadas por sugestões de ações específicas.

SUMÁRIO POR COMPARAÇÃO ENTRE A AGENDA 21 E OS TRATADOS DAS ONGs — DOCUMENTO A DOCUMENTO

Este sumário é dividido em três seções. A primeira seção apresenta os principais pontos contidos nos capítulos da Agenda 21 e nos Tratados das ONGs que lidam com assuntos comparáveis. A visão geral leva em conta a definição do problema, razões dadas para a existência do problema e exemplos de atividades propostas, assim como uma breve discussão das semelhanças e diferenças entre cada conjunto correspondente de documentos. A segunda parte fornece uma visão geral dos Tratados das ONGs para os quais não há capítulos paralelos na Agenda 21, enquanto a terceira seção inclui uma breve discussão dos capítulos da Agenda 21 que não são claramente abordados nos Tratados das ONGs.

II. DECLARAÇÃO DO RIO DE JANEIRO

Fórum de ONGs Brasileiras

Boletim nº 8, de 14 de junho de 1992.

Nós, ONGs do mundo inteiro, redes nacionais e internacionais e Movimentos Sociais, reunidos no Rio de Janeiro na Conferência das Nações Unidas para o Meio Ambiente e Desenvolvimento e no Fórum Global, afirmamos nossos compromissos para o futuro:

1 — temos consciência da contradição existente nesse modelo de civilização dominante iníquo e insustentável, construído sobre o mito do crescimento ilimitado e sem levar em consideração a finitude da Terra.

Entendemos, por isso, que a salvação do planeta e de seus povos, de hoje e de amanhã, requer a elaboração de um novo projeto civilizatório, fundado sobre uma ética que determine e fundamente limites, prudência, respeito à diversidade, solidariedade, justiça e liberdade. Sublinhamos enfaticamente a impossibilidade de um desenvolvimento sustentável dissociado da luta, partilhada com os mais carentes e excluídos sociais, contra a pobreza e contra o processo de pauperização;

2 — recusamos energicamente que o conceito de desenvolvimento sustentável seja transformado em mera categoria econômica, restrita às novas tecnologias e subordinada a cada novo produto no mercado. Permitir que isso seja feito significa garantir a continuação da reprodução da pobreza e da riqueza estruturais, decorrentes do modelo de civilização dominante que denunciamos.

Para chegarmos a sociedades sustentáveis, afirmamos que os países ricos têm o dever de frear, estabilizar e até reverter negativamente seu crescimento, para que os outros países exerçam o seu direito de buscar e alcançar condições de vida digna para seus povos, garantidos plenamente seus direitos à cidadania. No que toca às mulheres, garantir a elas o controle de suas próprias vidas deve ser premissa para qualquer ação que envolva população, meio ambiente e desenvolvimento;

3 — demonstramos que as principais responsabilidades pela degradação do planeta e pela pobreza são da maioria dos países do hemisfério Norte, mas que, também no hemisfério Sul, governos, empresas transnacionais, instâncias internacionais de regulação, bancos e as próprias elites locais se unem para reproduzir o mesmo modelo falido e insustentável, com a aceitação passiva de parte da sociedade.

Temos consciência que as velhas relações Norte-Sul — fundadas na desigualdade, na dominação, na exploração e no confronto desigual — não são mais toleráveis. Isso nos coloca um desafio comum: trabalhar sobre os mecanismos que criam as injustiças e a degradação, unindo as forças da sociedade que aspiram por mudanças contra as forças que querem a manutenção desse *status quo*.

4 — a Cúpula da Terra frustrou as expectativas que ela própria havia criado para a humanidade. Manteve-se largamente submissa aos poderosos interesses econômicos dominantes e às lógicas de poder que ainda prevalecem. O processo da CNUMAD demonstrou que, apesar dos discursos das autoridades, a maioria dos governos foi incapaz de ouvir as ONGs e, principalmente, de escutar os clamores da sociedade civil internacional.

É importante ressaltarmos, entretanto, que a Conferência não foi um fracasso total. Há posições diferenciadas entre países: em muitos casos, cidadãos e opiniões públicas fizeram avançar as posições de seus governos. Ocorreu um progresso inegável de tomada de consciência e de coesão por parte de todos aqueles que, nos diferentes continentes, lutam contra a pobreza e pelo verdadeiro desenvolvimento.

Para a sociedade civil, acima de tudo, fica um saldo positivo: depois da Conferência Rio-92, torna-se impraticável para governos e instâncias públicas internacionais decidir nosso futuro sem ouvir as nossas vozes. Apoiados sobre esta nova consciência e sobre a nossa autonomia, lutaremos para que os Estados, essas instâncias internacionais e a própria ONU se democratizem. Lutaremos pela participação ativa dos cidadãos nos diversos mecanismos de decisão e no controle das suas políticas;

5 — denunciamos o fato de as grandes corporações transnacionais se constituírem como um poder acima das nações, em conluio com muitos governos e instâncias públicas internacionais, apresentando-se como campeões do desenvolvimento sustentável. Faz-se urgente, se não

quisermos ver atingida a soberania de nossos países e desmoralizada a ONU, impor um controle democrático a essas grandes corporações e ao chamado livre mercado. Somente na medida em que elas demonstrem, de fato e na prática, seu empenho em abrir mão do mito do crescimento ilimitado, poderemos acreditar no seu hoje pretenso engajamento no projeto de desenvolvimento sustentável;

6 — voltando-nos para as nossas sociedades, vemos o longo caminho que temos a percorrer. Os que se beneficiam do crescimento econômico relutam em abrir mão do seu consumo: os que pretendem ascender a esse padrão apóiam o desenvolvimento a qualquer custo; enquanto isso, muitos sequer têm condições de se pronunciar quanto a seus desejos, por estarem abaixo das condições mínimas de vida.

Descobrimos que a sociedade sustentável está se construindo a partir e na prática de grupos, comunidades e povos. Faz parte desse desafio valorizar as pequenas experiências e soluções e, ao mesmo tempo, promovê-las à escala de uma região, de um país e, até, do mundo.

Em contrapartida às propostas de integração de blocos de países do Sul através de seus mercados, em via de realização, propomos, como alternativa democrática, a integração de seus povos, na luta por um futuro comum de justiça e de democracia.

A justiça dentro de cada sociedade nacional e entre as nações continua a ser nossa meta. Em muitas cidades e áreas rurais, as populações já perderam o seu direito a um meio ambiente sadio. Definitivamente, não queremos que se some, à exclusão social que repudiamos, a exclusão ambiental;

7 — num mundo em crises múltiplas, para escapar ao poder econômico que dirige nossos desejos e nosso futuro e ao poder político ameaçador e longínquo, divorciado dos povos, sentimo-nos tentados a nos fechar sobre nossas particularidades étnicas, culturais e religiosas. Nossa tarefa é transformar essa diversidade cultural, lingüística, étnica, de gênero, institucional e política em riqueza.

Nosso desafio maior, começando imediatamente, é no sentido de implementar e fortalecer ações, dinâmicas, articulações, que, a partir das necessidades de nossos povos, construam progressivamente uma perspectiva e um projeto comuns. Para tanto, precisamos dar um salto de qualidade em direção a uma maior consciência, educação, organização e articulação das sociedades civis nacionais e internacional. Não temos o direito de esperar a festa dos cinqüenta anos da ONU para transformar esse projeto em realidade. Ao contrário, 1995 deve propiciar, sim, um balanço de tudo o que fizermos, nesses próximos três anos, como ponto de encontro para novos desafios;

8 — falar em meio ambiente e desenvolvimento é falar da vida como um todo. Para tentar abarcar essa totalidade nestes últimos dias, nós a partimos numa série de temas: clima, biodiversidade, florestas, cerrados, desertos e áreas áridas, águas doces e oceanos, lixo tóxico, nuclear, energia, pesca, questão urbana, condições de trabalho na indústria, reforma agrária, agricultura sustentável, novas tecnologias, comunicação, dívida externa, comércio internacional, corporações transnacionais, GATT, FMI, Banco Mundial, mecanismos globais de decisão e educação ambiental.

Nos moveram, nestes debates e na elaboração dos nossos compromissos, o senso da nossa responsabilidade para com todos os que, como nós, lutam por um mundo melhor, e para com os povos oprimidos e abandonados, em particular. Afirmamos nosso compromisso de lutar para eles e com eles. E lutar "para eles e com eles" compreende, igualmente, defender o meio ambiente, a natureza que, como eles, é usada como matéria-prima descartável. É o que reafirmamos neste ponto de partida para o futuro, nesta cidade maravilhosa e ferida do Rio de Janeiro, Brasil.*

*Este documento foi redigido pelo Fórum de ONGs Brasileiras, com o apoio inicial de Third World Network, Alliance of Northern Peoples on Environment and Development (ANPED), Pacto de Ação Ecológica Latino-Americano e ENDA-Tiers Monde, sendo aprovado por todas as entidades presentes no Fórum Internacional de ONGs e Movimentos Sociais Compromisso para o Futuro.

III. RECOMENDAÇÕES PARA A CÚPULA DA TERRA II

O texto abaixo é um resumo das Recomendações da Coordenação Internacional de ONGs na Comissão de Desenvolvimento Sustentável da ONU para a Cúpula da Terra II, reunida em Nova York, em junho de 1996, responsável pelo balanço da Agenda 21 aprovada na Rio-92.

EXTRATOS DO PREFÁCIO

A visão que nos levou ao Rio continua a guiar nossos esforços e energizar nossas ações: os sistemas terrestres de apoio à vida, seja de maneira integral, seja interdependentemente, devem ser sustentados e seus poderes regenerativos garantidos para as gerações presentes e futuras. As verdadeiras necessidades básicas e atividades de vida das comunidades humanas devem ser cumpridas de acordo com a capacidade de suporte dos ecossistemas locais e globais. Apesar do progresso realizado desde a Cúpula da Terra I na direção de um Desenvolvimento Sustentável — entendendo-se este como uma estrutura que forma uma abóbada envolvente que compreende proteção ecológica, desenvolvimento social e eqüidade econômica, ele não foi atingido. Nem sequer há algum modo sistemático de monitorar o seu progresso em andamento. Responsabilidades, esforços renovados e financiamentos crescentes são urgentemente necessários.

AÇÃO, e não palavras, deveria ser o grito de revigoramento na Sessão Especial da Assembléia Geral — Cúpula da Terra.

ALGUMAS DAS RECOMENDAÇÕES:

Nós invocamos os governos para:

PARTICIPAÇÃO — Assegurar que os arranjos da Sessão Especial da Assembléia Geral da ONU fortaleçam o acesso e participação das ONGs na Assembléia Geral e nos seus comitês e também na Cúpula da Terra II.

MUDANÇAS CLIMÁTICAS — Endossar uma meta com valor legal de redução de 20% das emissões de CO_2 e redução proporcional de outros gases, a ser acordada em Kyoto, em dezembro de 1997.

FLORESTAS — Concordar em estabelecer um mecanismo subsidiário — uma subcomissão da CSD — para revisar os progressos na implementação das propostas para ação do Painel Intergovernamental de Florestas (IPF) e seções relevantes da Agenda 21 e dos Princípios Florestais.

QUÍMICOS — Comprometer-se com um instrumento de valor legal sobre poluentes orgânicos persistentes que se concentre em reduzi-los ou eliminá-los e não somente controlá-los.

OCEANOS — Estabelecer um Painel Intergovernamental de Oceanos e preparar uma avaliação científica abrangente sobre o estado dos oceanos e as necessárias recomendações.

ÁGUAS DOCES — Concordar em negociar um acordo global estrutural sobre águas doces.

ENERGIA — Desenvolver e promover políticas energéticas sustentáveis que reflitam os verdadeiros custos dos combustíveis fósseis.

AGRICULTURA SUSTENTÁVEL E SEGURANÇA ALIMENTAR — Promover segurança alimentar e nutricional a longo prazo através de parceria com fazendeiros/produtores, pescadores e ONGs de base.

BIOTECNOLOGIA — A CSD deveria apoiar fortemente a adoção imediata e a implementação de um protocolo ecológico seguro de biossegurança na Convenção de Biodiversidade Biológica.

NOVOS MECANISMOS FINANCEIROS — Estabelecer um Painel Intergovernamental de Finanças para Desenvolvimento Sustentável ou uma subcomissão da CSD, para, entre outras tarefas: elaborar propostas de novos mecanismos financeiros e revisar o impacto de processos tais como a privatização e o livre comércio nas comunidades locais.

CONSUMO E PRODUÇÃO SUSTENTÁVEL — Promover padrões de produção e consumo justos social e ecologicamente através de uma revolução dupla de "eficiência" e "suficiência".

COMÉRCIO — Estabelecer um Painel Intergovernamental ou Subcomissão da CSD em Comércio e Desenvolvimento Sustentável. Este painel iria monitorar a Organização Mundial do Comércio, entre outras instituições, para assegurar que as metas de desenvolvimento sustentável e os acordos ambientais multilaterais seriam mais fortalecidos que debilitados pelas práticas de comércio.

POBREZA — Coordenar os resultados da Cúpula Mundial para Desenvolvimento Social para a integração de estratégias de pobreza em Estratégias de Desenvolvimento Sustentável.

EDUCAÇÃO — Reconhecer a importância crítica da educação vitalícia e capacitação para a vida sustentável e para atingir as metas do Capítulo 36 da Agenda 21.

AGENDA 21 LOCAL — Encorajar todos os governos nacionais e apoiar associações nacionais de autoridades locais em parceria com ONGs e outros grupos principais (*major groups*) para estabelecer campanhas em Agendas Locais.

INDICADORES — Reconhecer a necessidade de usar indicadores apropriados de desenvolvimento sustentável como um instrumento para tomada de decisão comunitária.

ACESSO DAS MULHERES AOS RECURSOS — Nós solicitamos que sejam removidas as barreiras legislativas, políticas, administrativas e consuetudinárias para os direitos eqüitativos das mulheres aos recursos naturais tais como a posse da terra.

AGENDA DA CSD 1998-2001 — Proposta dos seguintes temas a serem focalizados pela CSD neste período: Químicos — Florestas — Oceanos — Turismo — Energia — Transporte — Pobreza — Comércio — Finanças — Águas Doces — Capacitação — Consumo e Produção Sustentável — Transferência de Tecnologia — Educação — Agricultura e Assentamentos Humanos.

SAÚDE — Nós advertimos os governos no sentido de tratar as ameaças à saúde que se originam de um desenvolvimento econômico, ambiental e social insustentável.

NOVOS PARCEIROS — Estender o conceito de grupos principais (*major groups*) para o modelo de parceria desenvolvido pela Agenda do Hábitat e conferir a categoria de parceiro e o *status* de grupo principal a parlamentares, pessoas idosas e a comunidade educacional.

POVOS INDÍGENAS — Adotar os princípios da Declaração dos Direitos dos Povos Indígenas da ONU e criar um

Fórum Indígena Permanente na ONU.

GÊNERO — Compromisso de aperfeiçoar todas as estruturas governamentais a nível global, regional, nacional e local, através do próximo século, aderindo aos princípios fundamentais de representação igualitária e responsabilidades.

JOVENS — Requer aos governos que relatem os programas para implementar os compromissos da Agenda 21 sobre a juventude.

PESSOAS IDOSAS — Reconhecer a importância crítica da crescente população global que está envelhecendo, em relação a sustentabilidade.

INCLUSÃO — Reconhecer que a discriminação baseada em raça, gênero, *status* econômico, fundamento étnico, religião, crença política, orientação sexual, idade e incapacidade continua a impedir a participação plena de muitos grupos sociais no desenvolvimento e implementação de estratégias para o desenvolvimento sustentável.

Estes são os outros temas abordados neste documento mas não incluídos nesta sinopse:

Transporte — Cooperação — Subsídios — Cancelamento da Dívida — Embargos ao Comércio — Estados-Ilhas — Responsabilidade Corporativa — Turismo — Militarismo — Povos Ocupados — UNEP — Relatórios — Eleição do *Chair* da CSD — Alto Nível/ECOSOC — Cúpula da

Terra III — Monitoramento Integrado — Coordenação — Conselho Consultivo de Alto Nível — Hábitat — Diálogos.

Em breve será elaborada uma outra sinopse comparativa abordando as posições das ONGs na última sessão da CSD que se realizou em abril de 1997 na ONU, em Nova York, com a participação de nosso colaborador Liszt Vieira, do IED.

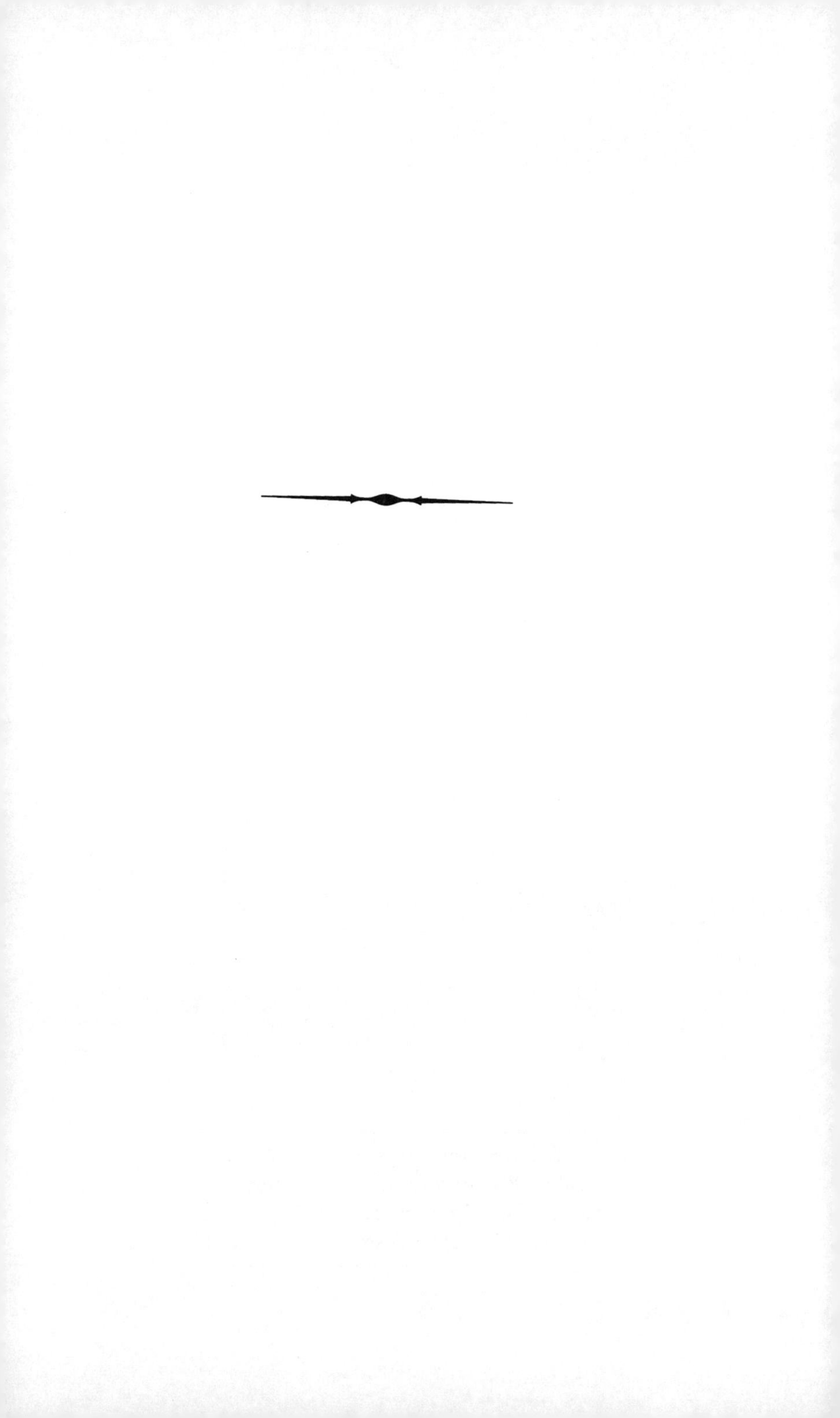

Este livro foi composto na tipologia
Aldine 401 em corpo 12/14 e impresso em
papel Offset 75g/m² no Sistema Cameron da
Divisão Gráfica da Distribuidora Record.

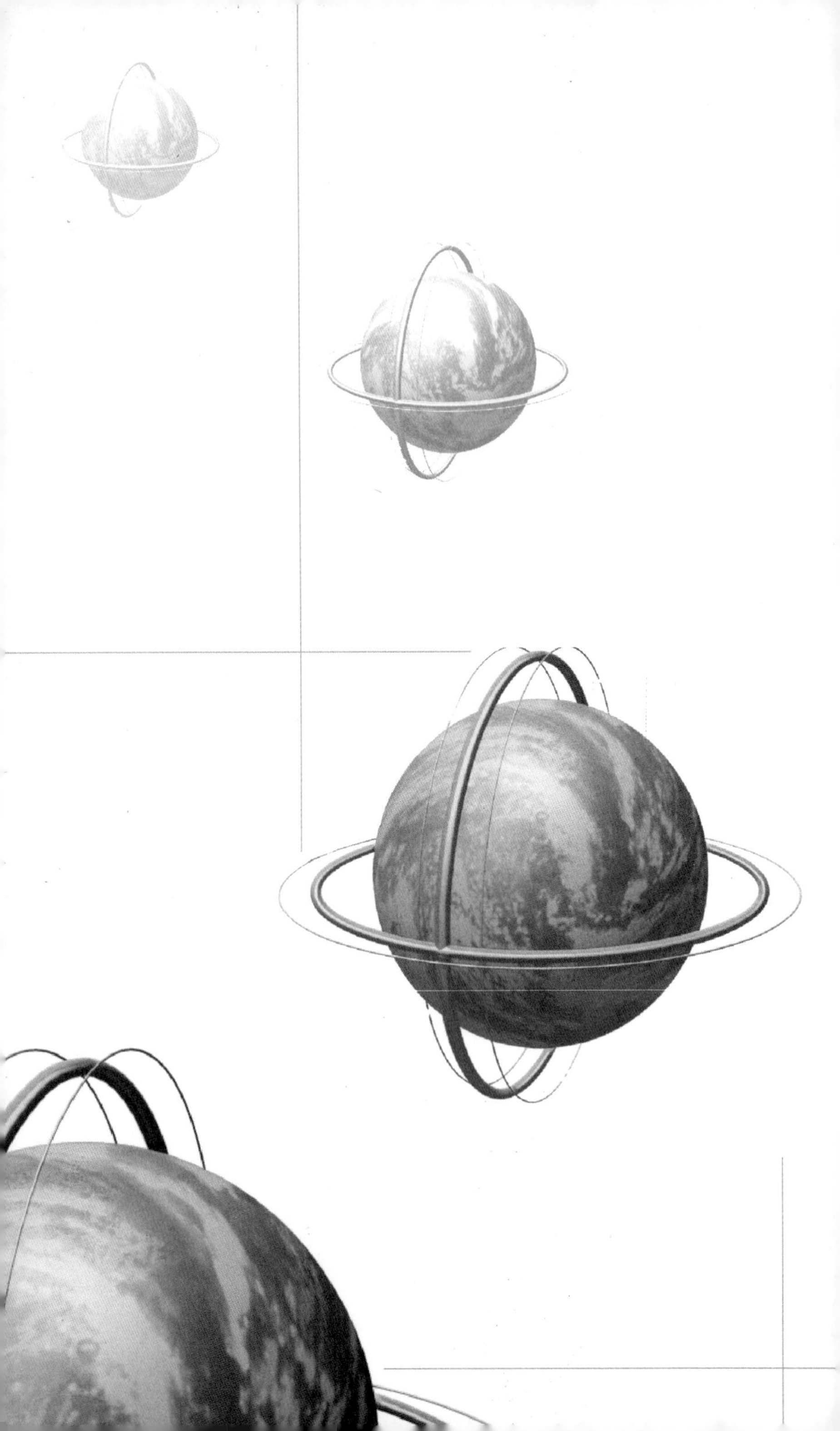